男孩,你要懂得
保护自己

Boy

蔡万刚◎编著

国家一级出版社 中国纺织出版社 全国百佳图书出版单位

内容提要

每个孩子都是父母的牵挂，如今社会环境之下，男孩的安全问题也理应得到重视。让男孩掌握自我保护的知识是父母义不容辞的责任。而这本书正能为父母和男孩们指点迷津。本书以关爱和教育为出发点，重视对于男孩自我保护能力的培养，通过大量鲜活的案例，并结合当下社会男孩可能会遇到的一些安全问题提供切实有效的指导。希望更多的家长能够从本书中得到启发，更多的男孩能够通过本书提高自我保护能力。

图书在版编目（CIP）数据

男孩，你要懂得保护自己 / 蔡万刚编著.—北京：中国纺织出版社，2019.2（2020.12重印）
ISBN 978-7-5180-5778-8

Ⅰ.①男… Ⅱ.①蔡… Ⅲ.①男性—安全教育—青少年读物 Ⅳ.①X956-49

中国版本图书馆CIP数据核字（2018）第279321号

责任编辑：闫　星　　特约编辑：王佳新　　责任印制：储志伟

中国纺织出版社出版发行
地址：北京市朝阳区百子湾东里A407号楼　邮政编码：100124
销售电话：010—67004422　传真：010—87155801
http://www.c-textilep.com
E-mail：faxing@c-textilep.com
中国纺织出版社天猫旗舰店
官方微博http://weibo.com/2119887771
天津千鹤文化传播有限公司印刷　各地新华书店经销
2019年2月第1版　2020年12月第7次印刷
开本：710×1000　1/16　印张：13
字数：168千字　定价：29.80元

凡购本书，如有缺页、倒页、脱页，由本社图书营销中心调换

前 言

　　人生从来不是简单容易的，不仅成人的生存艰难，要承受巨大的压力，孩子的成长也总是磕磕绊绊，面临着各种风险。面对复杂的人生状况，每个人都有可能遭遇天灾，更有可能遭遇人祸，不知道意外和风险到底哪个先来。每一个有孩子的父母都饱尝对孩子牵肠挂肚的滋味，然而父母不管多么爱孩子，也不管能给予孩子多么精心的照顾，都不可能永葆年轻，更不可能陪伴孩子整个一生。在这种情况下，父母一定要学会对孩子放手，怀揣着惴惴不安的心，给孩子更多的机会去历练自己，也让孩子抓住各种机会积累更多的人生经验，真正做到不断成长和成熟。有朝一日，当父母老去，孩子还能为父母支撑起一片天空，这才是作为父母最值得骄傲的。然而，这一切的前提是先要保证孩子健康茁壮地成长。

　　和娇滴滴的女孩相比，男孩是要更强大且有担当的。这也就注定了作为男孩的父母，不能对男孩过多照顾和娇惯，而是要有意识培养男孩的独立能力。当然，如今社会男女平等，巾帼不让须眉，即使养育女孩，父母也同样要费尽心力。从生理和心理的角度而言，男孩与女孩是截然不同的，所以在教养男孩的过程中，父母要根据男孩的身心发育特点，有的放矢地对男孩展开安全教育。毕竟，男孩只有先保证自己健康成长，平平安安，才有发展，才有未来。近些年来，随着社会的飞速发展，人心变得更加浮躁。也因为大自然遭到破坏，导致天灾也频繁发生。对于每一个男孩而言，从呱呱坠地就面对很多未知的危险，尤其是在走出家庭、走入社会之后，男孩更是要面对成长中的各种挑战和磨难。既然这一切都是注定要经历，而无法避免的，那么男孩就更加要坚定勇敢，要借助于父母和老师等长辈的力量，才能切实地保护自己。一直以来，很多人的关注点都在女孩身上，觉得如同花苞一样待放的女孩更容易受到各种伤害，会遭受性骚扰和性侵害等恶性罪行。实际上，性的伤害对于男孩也同样存在，在关注女孩性侵害状况的同时，也要打开对男孩的性关注，从而让男孩从性侵犯的盲点下走出来，得到更好的保护。不管是男孩还是女孩，都是需要保护的未成年人，都是需要父母用心呵护，需要整个社会全力保护的。安全教育的缺失，需要父母和老师等给男孩及时补课，这样才能避免男孩遭到伤害却不自知，也能帮助男孩形成安全意识，培养男孩自我保护的能力和技巧。希望每一个女孩都能如花朵般绽放，也希望每一个男孩都能健康茁壮成长，成为社会的顶梁柱，成为对社会有贡献的人。男孩一定要学会保护自己，也只有保护好自己，男孩才能给予他人更有效的保护。每一个孩子的健康成长，都关系到一个家庭的幸福，只有千千万万的孩子都能健康成长，社会才能安定团结，也才能实现良性发展。男孩，你准备好保护自己了吗？只要准备充分就一定会拥有美好的人生！

编著者

2018年1月

目录

第01章

成长路上，男孩你要学会保护自己

从呱呱坠地的新生命，不断地成长，到成为独立的男孩，生命在这个历程中渐渐成熟和丰满，男孩的人生也走出了父母的庇佑，需要独自面对人生中的很多事情和突如其来的意外。父母不可能跟随男孩一辈子，把男孩永远置于自己羽翼之下。父母终将会老去，甚至有一天垂垂老矣还需要男孩保护呢，所以男孩要快快长大，保护自己，让生命健康茁壮成长！

自我保护意识很重要

乐乐上小学四年级了，因为从小在父母无微不至的保护下长大，所以乐乐根本没有自我保护意识。这不，妈妈带着乐乐去熟悉的理发店理发，趁着乐乐理发的工夫去买菜，才十几分钟回来，乐乐就已经把家底子都向爱聊天的理发店主人交代了个清清楚楚。看着乐乐与阿姨聊得不亦乐乎，妈妈无奈地说："你这个孩子，我可真的什么事情都不能告诉你，你怎么什么都告诉阿姨啊，也不怕阿姨把你拐卖了。"阿姨和妈妈的关系很熟悉，笑着说："防备着别人，还防备我干吗呢，咱们都这么熟悉了。"妈妈无奈地说："关键是他和你说了，也会和别人说啊，这个孩子就是没心眼，一点安全意识都没有。"听到妈妈把问题上升到安全的角度，阿姨也引起重视，对乐乐说："的确啊乐乐，你如果遇到不认识或者不熟悉的人，可不要什么都说。不然你家的情况都被别人知道了，岂不是很危险吗？"乐乐不以为然："那有什么，人家又不能去我家抢钱，或者去我家偷孩子吧！"妈妈和阿姨都无奈地笑起来，阿姨对妈妈说："其实孩子不是没心眼，也有可能是平日里被你们保护得太好了，所以没有安全意识。"妈妈连连点头，说："对，我得培养他的安全意识。"

回到家里，妈妈马上对乐乐展开安全意识教育。没过多久，妈妈让乐乐独自去距离家三站地的培训中心练字，乐乐在路上遇到一个熟人，熟人问乐乐："乐乐，你自己来学习啊？"乐乐赶紧摇摇头，说："不是的，妈妈在前面等我呢！"说完，乐乐就一溜烟跑开了。乐乐不知道，这是妈妈特意安排的"测试人员"，专门检测乐乐是否已经形成了安全意识。

对于男孩而言，如果从小到大都被父母保护得很好，那么他们就会因为一直生活在安全的环境中，而缺乏安全意识。例如事例中的乐乐，他把家里隐私的事情都告诉了理发店的阿姨，其实是错误的行为。虽然因为每个月都要理发，因而乐乐与理发店的阿姨比较相熟，妈妈也会经常与阿姨聊天，但是妈妈与阿姨说的都是无关紧要的话，而乐乐与阿姨说的却是家里的隐私信息，这对于保护家庭安全是没有好处的。幸好妈妈及时发现乐乐缺乏安全意识，因而对乐乐展开安全意识的培养。最终，乐乐形成了安全意识，在路上遇到熟人的时候，懂得撒谎说妈妈就在前面等着自己，从而有效地保护自己。

对于那些安全意识比较强的人，很多人都觉得这样的人活得太累，处处小心谨慎，就像套中人一样。然而，无数的事实告诉我们，即使是对于熟悉的人，也要有一定的防范意识，因为熟人有更便利的做坏事的条件，而且很多人都容易激情犯罪，说不定在某些条件的刺激下就走上了违法犯罪的道路。尤其是对于人身安全问题，一旦人们由于疏于防范，酿成大错，也许再没有挽回的机会。对于父母而言，更是安全教育大于天，每一位父母在关注孩子学习之前，一定要优先培养孩子的安全意识，启发和引导孩子更好地保护自己。

经常进行安全演习

在对乐乐进行初步的安全教育之后，妈妈特意安排朋友潜伏在乐乐去上培训班必经的路上，对乐乐展开安全测试。乐乐很聪明，在形成安全意识之后，对于妈妈的检测都顺利通过，安全合格。对此，爸爸如释重负地说："以后，乐乐就可以独自去上学了。"妈妈对于爸爸的话不以为然，一本正经地说："孩子的安全问题哪里有这么简单呢，各种情况都有可能发生，有的时候连成人都应付不来，你没见很多大学生坐个火车都被拐跑到山沟里了么！"爸爸发愁地问："那该怎么办呢？孩子大了，总不可能永远留在家里，不出门吧！咱们也不可能像老母鸡那样，保护他一辈子啊！"妈妈笑着说："我最近关注孩子的安全教育问题，发现培养孩子的安全意识，让孩子拥有自我保护能力，真是一门大学问。接下来，咱们要对乐乐展开安全演习！"爸爸无奈地看着妈妈："好吧，你是专家，都听你的。"

周末，爸爸妈妈带着乐乐去苏宁电器买家电，结账的时候，乐乐被收银台上的招财猫吸引到了，因而情不自禁就忽略了爸爸妈妈，而专注地看着招财猫。妈妈拉着爸爸就走，爸爸正准备回头喊乐乐，却被妈妈制止了。爸爸妈妈躲藏到收银台附近的楼梯口，在那里，乐乐看不到爸爸妈妈，爸爸妈妈却能一览无遗地看到乐乐。果不其然，大概两分钟之后，乐乐发现爸爸妈妈不见了，赶紧扭头四处寻找，还喊叫了几声。没见到爸爸妈妈，乐乐正准备走开，已经离开了收银台几步，突然间又折返回到收银台，问收银台的阿姨："阿姨，你看到我爸爸妈妈去哪里了吗？"阿姨看到乐乐一个人站在这里，问："你是不是找不到爸爸妈妈了？要不，阿姨带你去广播室，用广播找爸爸妈妈吧！"乐乐点点头，马上又摇摇头，说："不行，我要留在这里等着爸爸妈妈。阿姨，你去广播室喊爸爸妈妈吧，我爸爸叫宋凯杰，我妈妈叫李爱珍。我就留在这里，说不定爸爸妈妈马上会回来找我，如果见不到我，他们一定会着急的。"听了乐乐的分析，阿姨心服口服，正准备去广播室呢，爸爸妈妈佯装急急忙忙地走回来，看到乐乐便焦急地说："乐乐你去哪里了？我们走着走着，一回头就不见你了。幸好你还在这里啊！"乐乐得意地对收银阿姨笑了，说："阿姨，看我说得对吧，爸爸妈妈回来找我了！"阿姨笑着对爸爸妈妈说："你家孩子真是个小机灵鬼，我要带他去广播室，他让我自己去，他却要留在这里等着你们。"妈妈很欣慰，说："看来，安全教育没白做啊！"

乐乐很聪明，也很冷静，在看到爸爸妈妈不见了，他没有哭泣，更没有盲目和收银阿姨离开，而是留在原地等着爸爸妈妈。首先，乐乐无法确定收银阿姨是好人还是坏人，如果一旦跟着收银阿姨离开，很有可能会被收银阿姨伤害。其次，去广播室呼唤爸爸妈妈固然是好事情，但是大多数父母在发现孩子不见了之后，第一反应就是原路返回寻找孩子，所以去了广播室反而会导致爸爸妈妈找不到自己，更加着急，也有可能因此与爸爸妈妈错过。所以乐乐让收银阿姨去广播室呼叫爸爸妈妈，而自己则留在原地等着爸爸妈妈，这是非常明智的举动。

当然，乐乐这是在不知情的情况下被爸爸妈妈演习了一把。对于已经上四年级的乐乐而言，这样的演习还是可以承受的，毕竟他已经十岁了，而且能够分析情况，做出理智的选择。但是如果面对比较小的男孩，父母就不要盲目采取这样的方式，否则孩子会因为害怕和恐惧，而导致心中留下阴影。对于小男孩，父母可以先给孩子讲道理，告诉孩子遇到某些情况应该怎么做，然后在征求孩子同意的情况下，与孩子展开安全演习。必要的时候，还可以让亲戚、朋友等进行配合，为孩子模拟真实的情况，这对于帮助孩子从安全理论的掌握过渡到安全能力的提升，是很有好处的，也是卓有成效的。

提升应变和应急能力

一天下午放学后，乐乐背着书包，和几个同学一起朝家里走去。等到了偏僻的地方，突然有几个看起来流里流气的初中男孩挡在他们面前，嘴巴里还叼着烟，睥睨着他们，对他们说："嘿，小孩，有没有钱啊，有钱赶紧掏出来，没钱就要挨揍。当然，如果既没有钱也不想挨揍，那就把这两个女孩留下来，陪着我们玩玩。"几个同学都很慌张，尤其是两个女孩更是吓得马上哭起来。乐乐因为接受过妈妈的安全教育，所以努力让自己恢复平静。他问那几个初中男孩："你们要钱做什么？我们是小学生，根本没有钱。"

初中男孩当即上去拉拉扯扯两个女孩，其他的两个男生马上跑掉了，乐乐灵机一动，从书包里拿出自己的零花钱，卷成一团扔到远处的地上，说："这里有几十块钱，给你们！"那几个初中男孩一看有钱，赶紧跑过去捡钱了，这时，乐乐趁机拉着两个哭哭啼啼的女孩跑到大路上，一溜烟地逃开了。回到家里，乐乐把事情的经过告诉妈妈，妈妈赶紧表扬乐乐："乐乐真棒啊，居然可以活学活用，保护女孩了。看着吧，你这下子可成了女孩心目中的英雄呢！不过，这件事情必须引起重视，妈妈明天就去学校找老师和校长，事情发生的地方距离你们学校很近，看来学校以后要为你们提供保护。"得到妈妈的表扬，乐乐沾沾自喜，尤其是听到妈妈说要去联系学校，乐乐更是如释重负："那可太好了，妈妈，我本来还担心明天放学再遇到这几个人，会被暴揍一顿呢！"妈妈对乐乐说："不过，你们以后上学放学都要注意，尽量走大路，不要走偏僻的小路。大路上人多，更容易呼救，所以也更安全。"乐乐点点头，说："我们以后再也不为抄近路，就走小路了。"

在这个事件中，乐乐的应变能力还是很值得称赞的。他没有把钱丢到近处，而是把钱丢到远处，这样才能为自己争取时间，带着女生逃跑。而且，面对初中男孩的恐吓，乐乐也没有吓得蒙了头，而是能够理性地与初中男孩沟通斡旋，从而给予自己时间想出解决的办法。乐乐的策略很对，在偏僻的地方，他没有第一时间呼救，以免激怒施暴者，而是先让场面保持理性，从而才能圆满解决问题。在人少的偏僻地方，呼救非但不能得到有效救援，反而会导致事情激化。所以遇到危险的时候千万不要盲目地大喊大叫，而是要更加理性，保持平静。

所谓应急能力，就是应对突发事件的能力。而所谓应变能力，就是当突发事件的发展超出自己的想象，突然发生巨大改变的时候，采取的处理方式。作为男孩不但要有安全意识，拥有自我保护的能力，而且要能够从容应对各种突发情况，具有应变能力。这样一来，才能做到兵来将挡，水来土掩，也才能在各种危机的事件之中成功脱身。

当然，应急和应变能力并非通过接受安全教育就能获得的。大多数男孩，只能在紧急情况真的发生时，才有机会独当一面处理问题。而如果情况比较棘手，男孩则往往不能从容应对。为了在日常生活中就有目的地提高男孩的应急和应变能力，父母还可以在遇到突发情况时，有意识地让男孩独立处理问题，或者有计划地为男孩提供和制造一些紧急情况，相信当男孩身经百战之后，应急和应变能力都会大大提升，这必然会为男孩的安全保驾护航。

生命，永远是第一位的

有一天，乐乐独自去上培训班。因为去得比较早，电梯里只有乐乐一个人。在上到五层时，突然又上来一个人。这个人看起来五大三粗，面相凶狠，看到乐乐是个孩子，又看到乐乐脖子上戴着保平安的纯金生肖项坠，因而生出了歹意，威胁乐乐把生肖项坠摘下来给他。距离要到达的十九层还有一段时间呢，乐乐很清楚自己不能激怒歹徒。为此，他骗歹徒说："叔叔，我这个是假的，你要的话就给你吧！"听说生肖项坠是假的，歹徒有些意外，恶狠狠地说道："你这个小兔崽子，居然敢骗我。假的我也要，赶紧摘下来。"看到歹徒没有上当受骗，乐乐心知自己的生肖项坠保不住了，就顺从地把生肖项坠摘下来给了歹徒。正当此时，十九楼到了，乐乐赶紧挣脱歹徒跑出电梯，一口气跑到老师的办公室里。看到乐乐气喘吁吁的样子，老师很惊讶，问："乐乐，你怎么了？"乐乐来不及和老师说话，赶紧把门反锁上，并且拿起办公室里的座机拨打了110。老师看到乐乐吓得扭曲的小脸，也当即检查门有没有锁好，又在乐乐挂断电话后拨打了物业的电话，让物业赶紧派来保安。直到做完这一切，乐乐才有时间把刚才发生的惊险一幕告诉老师。

老师心惊胆战，赶紧检查乐乐有没有受伤，在确定乐乐安全无虞之后，又打电话通知妈妈放学的时候来接乐乐。妈妈接到电话当即赶到培训班，把乐乐紧紧抱在怀里。老师静下心来，问乐乐："你看到歹徒怎么没有喊叫呢？大多数人一旦遇到危险，第一时间就会喊叫啊！"乐乐惊魂未定，却一本正经地告诉老师："老师，如果喊叫就太愚蠢啦，我当时被歹徒控制，而且电梯里只有我们两个人。万一我喊叫激怒了歹徒，他把我勒死怎么办。虽然生肖项坠是爸爸妈妈送我的生日礼物，但是我想还是我的小命更重要。"妈妈连连点头，连声夸赞乐乐："对对，没错，生命第一，你一定要永远记住妈妈说的话。"老师想了想，又对妈妈说："乐乐妈妈，尽管纯金的生肖项坠有保护孩子平安的寓言，不过为了孩子的人身安全，以后还是不要再戴了。毕竟社会上闲杂人等很多，今天这个人应该是看到生肖项坠才临时起意要抢劫乐乐的，不然谁会到写字楼的电梯里抢劫呢，对吧？"老师的话也提醒了妈妈，妈妈后悔地说："以后不戴了，我之前只想着好玩，没想到这么个小东西还会让坏人心生歹念。"老师说："虽然东西小，不过孩子也小。这个东西要是戴在大人身上也许就没事，说不定歹徒正是看到孩子小，才临时萌生出抢劫的想法呢！"妈妈点点头，觉得老师说的话很有道理。

对于年幼的孩子，不应该戴贵重的物品，其实就算是成人，也不要总是穿金戴银地露富，否则说不定哪天就会招致坏人的歹意呢。乐乐的做法很对，一开始他想保护自己的生肖项坠，所以欺骗歹徒说生肖项坠是假的。没想到，歹徒没有轻易上当，依然坚持索要生肖项坠。这种情况下，乐乐始终牢记妈妈说的"生命第一"的教诲，顺从地把生肖项坠摘下来交给歹徒，从而避免了自己受到歹徒伤害。

在一口气跑到老师办公室之后，乐乐第一时间先把门反锁好，因为他很清楚如果歹徒尾随而来，柔弱的老师也根本不是歹徒的对手。锁好门，报警，然后乐乐才有时间告诉老师发生的一切。老师又打电话叫来物业的保安，可谓是万无一失。很多犯罪都是激情犯罪，即在犯罪之前没有预谋，是因为受到外界的刺激导致心理状态发生改变，所以临时心生歹意，做出违法犯罪的举动。

面对危急的情况，很多人都会做出下意识的反应，尤其是孩子，因为感性大于理性，所以更会凭着本能做出反应。在很多犯罪行为中，歹徒原本只想求财，却因为遭到剧烈的反抗而导致谋财害命。乐乐的做法满足了歹徒的需求，因而歹徒并没有做出伤害乐乐的举动。这是因为乐乐始终牢记生命第一，而没有把生命置于金钱之后。这一点不仅值得每一个男孩学习，也值得每一个成人学习。记住，在任何紧要关头，保证生命安全都是最重要的。别说是小小的生肖项坠了，就算是所有的身家性命，也比不上生命更珍贵，更值得保护。

坚持自我，勇敢拒绝

最近，学校里要举行运动会，作为班级里最高的孩子，乐乐被分派参加八百米跑。乐乐当即想到体育课上参加八百米跑的难受劲头，因而很想拒绝老师。然而，看着老师殷切的眼神，他又不知道该怎么说了。

回到家里，乐乐把这件事情告诉爸爸，对爸爸说："爸爸，老师想让我参加，我不敢拒绝，万一拒绝之后老师不喜欢我了怎么办呢！而且，我也担心同学们会嘲笑我。"爸爸认真地问乐乐："你跑八百米真的觉得很难受吗？是正常的难受和疲劳，还是觉得身体吃不消呢？"乐乐认真回想，对爸爸说："是真的很难受，心脏怦怦直跳，就像要从我嘴巴里跳出来一样，而且胸部也有些疼，感觉喘不上气。"爸爸告诉乐乐："不是每个人都适合中长跑，一定要尊重身体的感受，才能保护自己。有些人逞强去长跑，结果反而把性命丢了，这种事情也是有的。所以你应该相信自己身体的感觉，告诉老师你也许擅长短跑，但是不适合中长跑。或者你还可以去掷铅球等，都是可以的。"乐乐嗫嚅着说："同学们会不会为此笑话我是懦夫呢？"爸爸抚摸着乐乐的头，语重心长地说："一个人是否勇敢，并不以逞强为标准，而是知道自己能做哪些事情，也承认自己的不足，明确自己不能做哪些事情。否则，就是莽夫之勇，是不值得提倡的。"乐乐还是很担心："万一老师因此而不喜欢我怎么办呢？"爸爸笑了，说："老师可不像你想的那么小心眼。首先，老师也需要保证每个同学的人身安全，其次，老师更喜欢看到你们健康成长，拥有拒绝的勇气。"

在爸爸的鼓励下，乐乐次日去了学校就找老师拒绝了八百米跑的项目，乐乐把自己与爸爸讲述的感觉也告诉了老师。老师有些后怕，说："你这孩子，如果不能跑就要说出来啊，不然万一出了什么意外，老师可承担不起这个责任。"就这样，乐乐勇敢地拒绝老师，而选择了自己擅长的运动项目，不但没有"得罪"老师，反而让老师刮目相看呢！

在成长的过程中，男孩也会遇到很多选择。这些选择或者是自己可以主动做出的，或者是被他人强加的。面对自己心不甘情不愿尤其是身体不允许的情况，男孩一定要勇敢地说不，学会拒绝，这样才能有效保护自己。否则，如果一味地委曲求全，反而伤害了自己的身体，那就得不偿失了。

随着不断地成长，在人生之中，男孩还会面临更多需要拒绝的情况。如果不能早早地拥有拒绝他人的勇气，掌握拒绝他人的方式和方法，那么男孩就会变得更加被动。记住，每个人都是自己生命的主人，都要学会主宰自己的人生。任何情况下，都要坚持自己的意愿，哪怕是面对父母，也不要无条件地言听计从。唯有活出属于自己的精彩，才是真正男子汉的作为，也才能拥有与众不同的人生。需要注意的是，不仅对于老师和父母的不情之请要拒绝，即使对于朋友、同学的不情之请，男孩也不要总是讲究哥们义气，而忽略了自己的内心。每一个男孩都要记住，唯有自己才是自己的主人。

学会自我保护的方法和技巧

放学路上，乐乐遇到一位阿姨问路。乐乐非常热心地告诉阿姨她想找的地方在哪里。阿姨看到乐乐这么热情，所以对乐乐提出了不情之请："小朋友，我初来乍到，对道路的情况不熟悉，而且有些晕头转向，也分不清楚东西南北。你看你已经放学了，能不能再帮帮阿姨，把阿姨送到目的地呢？"乐乐很痛快地答应了阿姨的请求，带着阿姨朝着目的地走去。正当快要接近目的地的时候，阿姨又说："小朋友，我记得附近有个水果超市。你能不能等我一下，我去买点儿水果，也好带给老朋友当礼物。"乐乐看到这个阿姨有些得寸进尺，突然间警惕起来，对阿姨说："阿姨，水果超市就在附近，而且距离你要去的地方也不远了。我妈妈就在旁边的大楼里上班，我去找妈妈了，你自己一个人去买水果吧！"说完，乐乐一溜烟跑到附近一座非常繁华的写字楼里，只留下阿姨独自呆呆地站在原地。

乐乐进入写字楼之后，待在保安身边朝外观察了很久，发现阿姨没有尾随自己，才又小心翼翼地走到大路上，快步朝着家里走去。回到家里，乐乐和爸爸说起自己的经历，爸爸不由得惊出一身冷汗。爸爸当即郑重其事地告诉乐乐："乐乐，你这样与陌生人靠近是很危险的。有的陌生人带着迷药，如果与他们靠近，你会变得意识模糊，上当受骗。还有的陌生人是团伙犯罪，会以各种理由把孩子骗到偏僻的地方，然后拐卖。你今天很危险，不管那个阿姨是真的问路，还是假的问路，你以后都不要给任何陌生人带路。而且当陌生人靠近你的时候，你还要保持警惕，与陌生人保持安全距离。"爸爸的话让乐乐心服口服，他也感到非常后怕，当即向爸爸保证自己以后会提升安全意识。

幸好乐乐还有一定的安全意识，也相对比较警惕，才没有继续给那个阿姨带路。否则，如果那是个居心叵测的阿姨，等到阿姨的救兵来了，乐乐再想脱身就会很难。如今，坏人的花样越来越多，问路只是最简单的骗术，还有些坏人居然带着孩子与小朋友一起玩耍，从而让小朋友放松警惕，上当受骗。作为男孩，一定要形成安全意识，具备自我保护的能力，掌握自我保护的技巧，才能够保证自身的安全。

事例中，乐乐在觉察到情况出乎自己的想法之后，第一时间就说自己的妈妈在附近的大楼里上班，这样一来对问路的阿姨产生震慑的效果，因为在孩子熟悉的环境里，想要对孩子做出不好的行为并不那么容易，说不定还会碰到孩子的熟人，导致自己也很难逃脱呢！所以乐乐看似无意撒谎说妈妈就在旁边的大楼里上班，对于他的顺利脱身其实有很好的作用和效果。

每个男孩在成长过程中，都要面对身边瞬息万变的复杂情况。虽然在学校里有老师保护，在家里有父母保护，但是随着不断地成长，男孩总是要脱离学校和家庭，独自展开行动。在这种情况下，男孩就必须掌握自我保护的技巧，从而才能在危急的情况下顺利脱身，也才能给予自己更有效的保护。

拥有安全意识，远离危险因素

一天放学后，乐乐知道爸爸妈妈下班要晚一些，所以就在学校里逗留，和几个同样晚回家的同学玩得不亦乐乎。快乐的时间总是过得飞快，转眼之间，天色渐渐黑了，乐乐这才意识到爸爸妈妈很有可能已经回家了，如果看到他没在家，就会很着急。为此，乐乐赶紧和同学们告别，一个人急急忙忙朝着家里走去。走到半路的时候，乐乐看到路边有个要猴的，因而情不自禁地被吸引过去，又看了半个多小时。暮色越来越深沉，乐乐决定抄近路回家。

这是一条小路，平日里很少有人从这里走，一则是因为地上比较脏，二则也是因为小路上连路灯都没有，胆小怕黑的人不敢从小路经过。进入小路之前，乐乐其实也有些害怕，但是一想到爸爸妈妈有可能会因为他回家晚而批评他，他也就管不了那么多了，当即低着头朝小路走去。正当这时，爸爸突然喊"乐乐"，乐乐听到爸爸的喊声回头，发现爸爸就站在自己身后呢！乐乐很惊讶："爸爸，你怎么来了？"爸爸责怪地说："你这个家伙放学不回家，趁着我和你妈妈加班，就在学校疯玩。我是出来找你的。"

乐乐有些不好意思："爸爸，我玩得太高兴，就忘记回家了。"爸爸撇着嘴说："那你想起来回家之后，为何又看耍猴的呢？"乐乐更惊讶了："我看耍猴你也知道？那你怎么不早点叫我啊！"爸爸说："我就是想看看你什么时候回家呢！"乐乐说："我只要穿过这条小路就到家了，很快的。"爸爸一本正经地对乐乐说："你呀，还穿过这条小路，你知不知道这条路白天都很少有人走，你胆子可真大，天快黑了，你居然要一个人走这条小路。"乐乐赶紧为自己辩解："我就是因为怕你和妈妈等着急了！"爸爸叮嘱道："就算你怕我和妈妈等着急了，也应该下次提早回家，而不要等到天都黑了，才走小路啊。小路人迹罕至，谁知道路上会不会遇到坏人呢。要是真遇到坏人，可就叫天天不应，叫地地不灵了。"听了爸爸的话，乐乐陷入沉思，良久才说："是的，爸爸，你说的很有道理。"爸爸语重心长地对乐乐说："妈妈专门对你展开安全教育，你却不知道安全问题要警钟长鸣。很多问题可以避免，就要确保不能发生，否则后果将会是极其严重的。越是天色晚了，越是要走大路，才能保障自己的安全，也才能平安回到家里。"乐乐听着不断地点头。

很多孩子在平日里接受安全教育的时候，看似已经树立了安全意识，但是一旦遇到具体的情况，又往往因为着急等原因，完全把安全问题抛到脑后去了。正如爸爸所说的，安全问题一定要警钟长鸣，很多问题不能等到真正发生时再去懊悔，而要防患于未然，绝不可以有任何意外。

对于男孩而言，不要把安全问题看成是纸上谈兵，在初步树立安全意识后，就要把安全问题牢记在心，经常提醒自己一定要注意安全。生活中如果遇到有什么困惑的问题，应该及时向父母求助，而不要把问题憋闷在心里，导致问题真正发生的时候手足无措，陷入被动。

其实，安全问题不但伴随孩子的成长，未来也会伴随孩子的一生。谁说长大成人之后就安全无虞了呢？越是成长，越容易遭遇形形色色的安全问题，即使男孩成长为身体强壮的男子汉，也不可能拥有神力，在任何情况下都能保护自己，所以更要注重安全问题，把安全防护工作做到位。

第 02 章

提升自我保护能力，过快乐安宁的校园生活

　　从幼儿园开始，男孩就离开父母的保护伞，独自融入集体生活。到升入小学、初中、高中，男孩真正成为集体的一分子，与父母的距离更加疏远。有些父母能成为男孩的朋友，可以更加密切关注男孩的生活，而有些父母则不了解男孩，也就渐渐疏离了男孩的内心。在男孩走向独立的过程中，一定要提升自我保护能力，才能度过快乐安宁的校园生活，毕竟校园也不是纯粹的乐土，同样会使男孩面临危险，遭遇困惑。

换个新同桌，有个新开始

　　作为六年级的学生，皮皮在班级里人缘很好，尤其受到女同学的欢迎和喜爱。这是因为皮皮不但长得白白净净，而且性格温和，心思细腻，所以做事情非常周到，说起话来也是温言细语的。自从五年级开始，皮皮与小丽就是同桌，不但平日里对小丽很照顾，当小丽遇到困难的时候，皮皮也是冲在前面。渐渐地，小丽越来越喜欢皮皮，对皮皮升腾起异样的感觉。

　　有段时间，皮皮总觉得小丽怪怪的，原本皮皮与小丽的关系非常好，彼此就像铁哥们一样，但是小丽却突然间变得害羞腼腆起来。有一次学校举办运动会，皮皮邀请小丽当他的啦啦队，小丽都拒绝了。为此，皮皮很苦恼，不知道小丽为何突然有这样的变化。直到有一天，皮皮打开语文书，发现书里夹着一封信。读了这封信，皮皮突然脸红起来，而坐在一旁的小丽更是羞红了脸。原来，这是小丽给皮皮的示好信。小丽在信中对皮皮表达了爱慕之情，并且希望皮皮能与她好。皮皮被吓到了，幸好没有表现出什么异样，更没有被老师和同学发现。皮皮认真想了想，觉得自己还小，不能谈恋爱，因为不知道如何拒绝，所以他又找了机会把信还给了小丽。小丽当然知道皮皮还回信件的意思，非常受伤，也许是因为恼羞成怒吧，她居然与皮皮成为仇人，总是想与皮皮对着干，伤害皮皮。皮皮感到很难过，他想不通：难道不谈恋爱，连同桌也做不成了吗？在被小丽无缘无故挖苦好几次之后，皮皮决定找到老师调座位，给自己一个全新的学习环境。

通常，人们以为男孩在小学阶段发育没有女孩成熟，事实也的确如此。皮皮的心理发育没有小丽成熟，所以面对小丽的示好信，皮皮丝毫不感到激动，只觉得很恐惧。他几乎毫不犹豫就拒绝了小丽的好意，又因为不知道如何拒绝，所以只能把信件再还给小丽。对于皮皮的表现，小丽自然觉得自尊心受到伤害，因而也无法心平气和地继续与皮皮当好同桌。无奈之下，皮皮倒是很果敢，主动找到老师要求调整座位，这样一来，虽然换了同桌，皮皮却能有崭新的开始，小丽也并不至于因为每天都要面对皮皮而觉得难堪和尴尬了。

从六年级开始，很多女孩都进入青春期，而男孩还处于懵懂无知的状态。在这种情况下，女孩明显比男孩成熟，很多男孩都会遭遇情窦初开的女孩"骚扰"。需要注意的是，进入青春期之后，异性之间彼此生出好感是很正常的表现，因而面对女孩的示好，男孩也无须紧张，更不要把这件事情小题大做，给女孩造成伤害，也给自己带来困扰。事例中皮皮的做法非常好，他尽管感到很突然，却没有把事情说出去，而是保守着秘密，以调整座位的方式给自己和小丽以崭新的开始。这样的选择和做法，不管是对皮皮还是对小丽，都是有好处的，也是对相互之间最好的保护。其实，为了与更多的同学加深了解，彼此熟悉，经常调整座位是有好处的，所以调换座位是学校生活中的常事，根本不会引起任何人的怀疑和关注。这样一来，一场风波也就消失于无形。这么做，皮皮也是在保护自己，避免自己成为流言蜚语的中心。

同桌要友好互助，拒绝三八线

换了同桌之后，皮皮新鲜了一段时间，也因为远离了小丽，而觉得满心轻松。然而，没过多久，皮皮就发现了新问题。原来，皮皮的新同桌娜娜是个小肚鸡肠的女孩，而皮皮在长时间与小丽同桌的过程中，已经习惯了小丽的谦让，所以经常一个人占据大半张桌子。小丽习惯了皮皮的大块头，也因为对皮皮有好感，所以非但不计较皮皮占据大半张桌子，反而很欢迎皮皮的侵占。但是娜娜则不然。娜娜本身块头就比小丽大，不但比小丽高，也比小丽胖，因而面对皮皮的"霸道"，娜娜根本不能容忍，在几次三番对皮皮提出郑重警告，让皮皮不要超越界线，在没有起到较好的效果之后，娜娜索性画了一道三八线，以此来时时刻刻提醒皮皮不要越界。

面对这道三八线，皮皮心中也很生气，他想到和小丽同桌的时候各种方便，因而对娜娜心生芥蒂。有一次，娜娜忘记带圆规了，皮皮却不愿意把圆规借给娜娜用，理由就是有三八线为界，他不能超过三八线去帮助娜娜。如此一来，皮皮和娜娜的同桌关系陷入恶性循环之中，越来越差。有一次考试，皮皮也忘记带文具了，他想起三八线，不敢和娜娜借，因而就举手求助于老师。老师很惊讶地问："皮皮，你的同桌就有啊，为何不向你同桌借？"当皮皮说出三八线的事情，老师不由得批评皮皮："皮皮，你可是男子汉，为何与女同学斤斤计较呢！虽然娜娜画了三八线不对，但是你也要注意，毕竟课桌上的空间有限，你不能总是占用娜娜的空间。尤其是当娜娜向你求助的时候，你更应该拥有高姿态，这样才能以德报怨，不就可以缓和与娜娜之间的关系了么！你以前可不是这样小肚鸡肠的，与老同桌相处那么好，新同桌也要好好相处哦！"在老师的一番教育下，皮皮突然醒悟，意识到自己不能总是以小人的心态对待娜娜，而是要更宽容大度，相信不久的将来，娜娜也会有所改变的。从此之后，皮皮不再与娜娜怄气较真，总是积极主动地帮助娜娜。渐渐地，他与娜娜的同桌关系越来越好了。

在这个事例中，皮皮原本对前任同桌小丽非常好，也因此得到了小丽同样的对待。但是皮皮和娜娜是新同桌，此前只是普通同学，了解不够深入。因而当皮皮占据大半张桌子的时候，娜娜自然不愿意，而且还忍无可忍地画下了三八线。皮皮对此耿耿于怀，还以此为借口拒绝帮助娜娜，由此导致同桌之间的关系越来越差。幸好老师教育得及时，皮皮才没有把同桌情谊葬送在三八线之上。对于皮皮的改变，娜娜也是看在眼里的，因而他们的同桌关系才渐渐缓解，彼此的相处也更加和谐融洽。

在学校里，男孩难以避免地要与各种脾气秉性的同学打交道。这些同学之中，既有男孩，也有女孩。与性格相似的男孩打交道尚且还好，与脾气秉性截然不同的女孩打交道，男孩往往陷入被动之中，也因此导致人际关系紧张。要想为自己营造良好的学习氛围，建立良好的人际关系，男孩就要学会与同桌相处，不要与女孩斤斤计较。唯有如此，男孩才会拥有和谐融洽的人际关系，也才会拥有愉快的校园生活。记住，真正的男子汉是不会被三八线阻挡住的，因为男孩的心胸开阔，心中能纳天地，所以男孩才能处处受人欢迎，成为社交达人。

文具也会变身伤人利器

有段时间，美术课上需要用到壁纸刀，为此皮皮总是带着壁纸刀去学校。即使美术课上的手工课结束了，皮皮也因为喜欢做美工，所以没有把壁纸刀放在家里。有的时候，皮皮还用壁纸刀削铅笔，感觉非常方便。

一天中午，吃完午饭，皮皮和同桌娜娜嬉笑打闹，假装拿出壁纸刀威胁娜娜一定要服从。不承想，因为娜娜反抗剧烈，锋利的壁纸刀一下子划破了娜娜的衣服，还把娜娜的胳膊划破了。看到流出血来，娜娜当即恐惧得哇哇大哭，皮皮则显得脸色惨白，不知所措。在同学的通报下，老师闻讯赶来，因为不知道娜娜的伤势如何，老师也非常紧张。看到老师来了，皮皮正想解释，老师当即制止皮皮："等会儿再和你算账，别说话，先来看看娜娜受伤情况。"老师赶紧带着娜娜去了学校的医务室，医生检查之后说娜娜只是皮外伤，没有大碍。在给娜娜清洗、消毒之后，医生给娜娜进行包扎，足足折腾了一节课，娜娜才回到教室里上课。

发生了这么大的事情，老师不敢隐瞒，第一时间就打电话向娜娜妈妈说明情况，并且再三告诉娜娜妈妈没有大碍，是皮外伤。然后，老师把皮皮叫到办公室，让皮皮交代当时的情况。皮皮不敢隐瞒，一五一十地把事情发生时候的情况都告诉老师，并且再三强调"我只是开玩笑的"。老师板着脸说："你说你是开玩笑的，难道就是开玩笑吗？娜娜好好的一件衣服被你划破了不说，还受伤流血了，就算我相信你，你觉得娜娜的家长会善罢甘休吗？你就祈祷着人家不追究你的责任吧，这么大的人了，做事情一点分寸都没有。况且，你的文具盒里为何会有壁纸刀啊？学校规定不许带锋利的刀具，你难道不知道吗？"皮皮这才意识到问题的严重性，嗫嚅着说："我是前几天上美术课用的。"老师当即反问："美术老师让你用壁纸刀在同学身上画画、恐吓同学的吗？"皮皮无语了。老师语重心长地说："很多事情是可以解释的，也可以挽回，但是有些事情一旦发生，就会追悔莫及。你幸好是划到娜娜的胳膊，如果你一不小心划到娜娜的脸，给人家一个漂漂亮亮的小姑娘脸上留下疤痕，那你可就罪过大了。"皮皮低下头，认识到错误之后，他很懊悔。老师看着皮皮，说："我已经打电话通知娜娜的妈妈放学时来学校了，现在你也通知你的妈妈或者爸爸放学来学校，与娜娜妈妈见一面，好好道歉，知道吗？"皮皮答应了老师的请求，用办公室的电话拨通妈妈的电话。果然，一听到皮皮用壁纸刀弄伤了同学，妈妈非常紧张。等到皮皮和妈妈通话后离开办公室，老师才安抚了皮皮妈妈，又叮嘱皮皮妈妈在见到娜娜妈妈后一定要真诚地道歉。在老师的协调和沟通下，这件事情才以皮皮和妈妈的真诚道歉宣告结束。从此之后，除非美术课需要，皮皮再也没有带壁纸刀去学校。

网络新闻曾经报道，一个男孩用锋利的壁纸刀割伤了另外一个男孩的后背，导致那个男孩缝合了几十针，衣服破烂不堪，后背也破烂不堪。当然，这属于用壁纸刀伤害同学的恶性伤人事件，和事例中皮皮不小心用壁纸刀划伤娜娜属于完全不同的性质。然而，正如老师说的，很多事情可以解释也能挽回，而很多事情一旦发生就使人追悔莫及，也根本无法挽回。在这种情况下，必须杜绝孩子们带着锋利的工具去学校，以免冲动的孩子因为愤怒或者因为做事情没有分寸，伤害了同学。

作为孩子们在学校里的监护人，老师对于孩子们的各种出格表现实际上也是非常担忧的。老师最希望孩子们在学校里平平安安，专心致志地学习。作为男孩，正在步入青春期，很容易陷入冲动之中，因而一定要控制好自身的情绪，并且杜绝带任何锋利的伤人器具去学校。这样才能避免因为情绪冲动而做出让自己后悔的举动，与此同时，男孩还要控制好自身的情绪，既不要过于激动，也不要过于愤怒。唯有保持情绪的平静和理智，男孩才能战胜自身的弱点，处理好与同学之间的纠纷或者打闹。

小心谨慎，才能保得平安

最近几天放学之后，皮皮总觉得自己身后有人。他不止一次地回头去看，却没有发现任何可疑人物。前几天，皮皮还想自己解决问题呢。然而，在观察了几天都没有结果之后，皮皮才想到自己应该把异样的感觉告诉爸爸妈妈，从而向爸爸妈妈寻求帮助。

听完皮皮的讲述，妈妈觉得皮皮完全是无中生有，因而说："你这个孩子真是多疑，就算要自我保护，也不能草木皆兵吧。你上学放学都是大白天，这青天白日的，跟踪你这个大小伙子干吗呢！"爸爸听到皮皮说自己的感觉很强烈，因而引起了重视。虽然嘴巴上没说什么，但是爸爸次日却早早向单位请假，去皮皮的学校蹲守。果不其然，皮皮放学之后走出校园才没多久，就有个戴着帽子和墨镜的男人跟在皮皮身后。皮皮的警惕意识很强，时不时地扭过头来检查身后的情况，然而每当皮皮要回头时，这个男人马上隐藏在人群之中，躲避起来。爸爸没有声张，悄悄拍了几张照片作为证据，次日去派出所找到民警和自己一起蹲守。果然，他们顺利地抓住了这个男人，而且查明了这个男人的身份。原来，这个男人是人贩子，专门从事人体器官的买卖。看到皮皮每天都是自己上学放学，这个人贩子就瞄准了皮皮，每天都尾随皮皮，只等着合适的机会下手呢！得知真相后，妈妈吓得呜呜直哭，非常懊悔自己没有听信皮皮的话，也十分感谢爸爸足够警惕，从而避免了皮皮遭遇大的劫难。

很多孩子都是马大哈，对于身边的异常情况往往不能及时感知，敏感觉察。即使他们如同皮皮一样非常敏感，把情况告诉了父母，求助于父母，也还有很多父母都和皮皮妈妈一样神经大条，觉得孩子完全是多疑。现代社会，各种情况非常复杂，而坏人的脑门上从来没有标注。因为孩子处于弱势群体，尤其是很多半大不小的孩子开始渐渐脱离父母的保护，因而也给了坏人可乘之机，让坏人借机对孩子下手。在这种情况下，父母一定要时刻注意保护孩子，而且要学会倾听孩子的表达。不要觉得孩子小，缺乏判断力，就对孩子的话不以为然。正因为孩子小，缺乏判断力，所以父母更要重视孩子无厘头的表达，因为那正是危险的蛛丝马迹。

安全无小事，每个父母都要把孩子的安全问题放在第一位，即使是男孩子，也要更加小心谨慎观察周围的环境和情况，尤其是在发现异常情况时，一定要第一时间向父母或者老师求助。需要注意的是，求助的时候，男孩要向父母和老师求助，而不要把事情告诉同学。因为同学和男孩一样都还缺乏经验，也没有足够的能力解决问题。所以同学不但不能切实有效地帮助男孩，反而会导致事情陷入更糟糕的境遇之中，给男孩造成不可挽回的伤害。每一个男孩都要记住，父母永远是最值得信任和托付的人，永远是你最坚强的后盾和依靠。即使在外面犯了错误或者受了委屈，男孩也要及时告知父母，才能圆满解决问题。

被同学勒索怎么办

升入初一之后，皮皮自我感觉良好，总觉得自己已经成为初中生，是大孩子了，为此去哪里都表现出一副男子汉的模样。然而，一个学期还没有结束，皮皮就遇到了麻烦事。原来，初三年级的几个男孩看到皮皮总是穿着名牌，因而判断皮皮家里一定很有钱，皮皮也一定有很多零花钱，所以瞄上了皮皮。

一个周五的下午，皮皮因为不着急回家写作业，就留在学校里和同学多玩了一会儿。到了回家的时间，皮皮才走出校园没多久，就被那几个初三的男孩拦住了去路。几个男孩对皮皮说："你这小子吃得好穿得好，一看就是家里有钱的主。赶快把你的零花钱掏出来，就当是买路了。"皮皮从未见过这样的阵势，很担心自己会挨揍，因而乖乖地把所有的零花钱都掏出来，交给了初三男孩。不承想，初三男孩并未因此而收敛，反而继续恐吓皮皮："记住，周一上学的时候多带点钱来，至少五十块，否则有你好受的。还有，不许把这件事情告诉任何人，否则我们就会把你揍得找不到北。"就这样，曾经每到周末就很高兴的皮皮，这次却变得莫名悲伤起来。他一个周末都提不起兴致，却不敢告诉爸爸妈妈真相，爸爸妈妈还以为他身体不舒服了呢！

　　周一，皮皮带着一百元钱去学校，果然下午放学的时候又被那几个初三男孩拦住了。皮皮可怜兮兮地掏出一百元钱，说："这是我所有的钱，以后不要再找我要了。"看到皮皮轻而易举就拿出一百元钱，初三男孩更加得寸进尺了，恶狠狠地说："不可能，以后每个星期都要上交一百元钱，否则看我们怎么收拾你！"看到初三男孩穷凶极恶的样子，皮皮吓得哭起来。回到家里，爸爸妈妈看到皮皮哭红的眼睛，赶紧询问皮皮到底是怎么回事。皮皮这才抽泣着说出真相，爸爸当即暴跳如雷，说要去找那几个孩子算账。妈妈相对理智，说："这件事情没有那么简单，搞不好皮皮就会遭到报复。我觉得应该先通知学校，然后让学校通知家长，实在不行就报警。不过，我还是建议给那几个孩子留条出路，也省得他们打击报复，以先通知学校为主吧！"在与学校沟通之后，皮皮爸爸妈妈也见到了那几个孩子的家长，进行了严肃而又认真的沟通。皮皮提心吊胆很长时间，噩梦终于消除了，再也不担心在上学放学的路上遭遇敲诈勒索了。

　　随着社会的发展，信息的传播速度越来越快，所以孩子们的心理成熟速度也随之增快。对于半大不小的孩子而言，既有些懂事，又有些不懂事，因而处于懵懂无知的状态。在这种情况下，他们是很容易做出违规事情的。男孩虽然比女孩强壮，有一定的自我保护能力，但是孩子毕竟是孩子，对于很多事情的判断和分析都还不到到位，尤其是对于事情的处理方法，更是很容易陷入误区。当在校园中遭遇欺凌或者恐吓勒索时，作为父母，一定要端正态度，不要觉得孩子之间就是小打小闹，不至于造成多么严重的后果。在父母的不知不觉中，孩子已经渐渐长大了，也不是那个对父母百依百顺的孩子了。孩子开始拥有自己的思想意识，也逐渐地独立，最终疏离父母，加速融入自己的集体之中。在这种情况下，集体生活对于孩子将会起到很重要的影响作用，因而是父母不容小觑的。

如果男孩在学校的生活中得不到安全感，不能安全放心地去学校，那么渐渐地，男孩就会越来越焦虑，甚至因此而对学校产生排斥和抵触的感觉。每一个男孩的成长都需要全方位的呵护，父母更要当好男孩的监护人，培养男孩勇敢坚定的品质。当然，解决此类问题的一个首要原则就是，既要保护好自己，也不要把对方逼急，还能让对方知难而退，有所收敛。并且，为了更好地保护自己，男孩还要注意当对方人多势众的时候，不要以硬碰硬，更不要激怒对方。正如前文所说的，在一切情况下，生命都应该放在第一位，男孩尽管身强体壮，也要避免盲目地以卵击石，从而导致事态发展失控。当然，解决问题的策略是很多的，但是也有不可妥协的原则。那就是绝不要以"仅此一次"为借口就放纵对方的行为，否则你会发现事情总是在不断恶化，而绝不像你所想象的那样仅此一次。面对校园勒索、恐吓和威胁，每个男孩都要坚持做出快速应急反应，以灵活机智的策略最大限度地保证自己的生命安全，才能真正圆满解决问题。

男女有别，与女生适度相处

皮皮才上初一，心理年龄渐渐成熟，班级里的很多女孩也更加成熟起来，有的女孩甚至会主动对男孩伸出橄榄枝。如果说在六年级阶段皮皮属于不解风情，那么到了初一，耳濡目染异性之间的相处，皮皮也渐渐地开始对异性产生好感。回想起六年级时拒绝同桌小丽的事情，皮皮就很懊悔：我那会儿怎么是榆木疙瘩脑袋呢，居然拒绝了小丽的好感。如果现在还有机会摆在我面前，我一定不会放过，而是开始一场轰轰烈烈的恋爱。

正是在这种思想的驱使下，皮皮不止一次发现班级里或者同年级的某个男生和女生好上了。这让皮皮的内心也蠢蠢欲动，恨不得也找个女孩谈恋爱。有段时间，皮皮和同桌小美暗生情愫，居然还与小美写起了小纸条，彼此互诉衷肠。随着交往的不断深入，皮皮与小美的关系也越来越亲近，他们不满足在学校里整日相见，居然在周末的时候去校外幽会，还手挽手散步，在偏僻的地方拥抱。一个周末，皮皮和小美一起去爬山，却遇到了学校里的老师，因而他们的早恋就这样被发现了。皮皮很快被老师约谈，也被与小美调开了座位，为了起到更好的效果，老师还通知了皮皮的父母，让父母对皮皮严加管教。恋情从地下转为地上，马上变成了见光死，皮皮懊丧极了，抱怨自己没有做好保密工作，才会导致初恋如同昙花一现般消失。

爸爸好不容易才找到机会，假装无意和皮皮谈起早恋的问题。爸爸对皮皮说："早恋结出来的都是苦果，还会影响学习，得不偿失。"皮皮对此不以为然："早恋也未必会影响学习啊，如果相互促进，还能提高学习呢！"爸爸不想在此问题上与皮皮过多纠缠，说："的确有些感情是能激励人进步的，但是作为青少年，你们还太感性，缺乏理性。爸爸不是反对你早恋，但是希望你能保持与异性之间的距离，不要超越友谊的界限，这样等到适宜的年纪，才能收获美好的感情。"听到爸爸对自己的理解，皮皮不像之前那么排斥和抗拒了。

在小小年纪就恋爱，的确是让人担忧的事情。正值青春期的孩子们，自以为已经长大了，实际上还处于懵懂无知的年纪。与稚嫩的心灵相对应的，是他们的身体已经渐渐发育成熟，在这种情况下，一旦受到激情和热情的驱使，他们很容易做出冲动的举动。如今，初中女孩怀孕的现象很常见，女孩早孕不但会给身体带来创伤，更会给心灵带来严重的伤害。作为男孩，一定要控制好自己的感情，不要因为冲动而追悔莫及。即使真的对于某个女孩有好感，也应该把彼此的感情控制在友谊的范围内，这样才能让友谊之花常开不败，也才能避免人生因此而误入歧途。

要想在与女孩交往过程中保持理性，男孩就要做好很多细节方面的事情。首先，要从观念上明确男女有别，尤其是进入青春期之后，不要因为觉得女孩也可以当哥们，就与女孩过度亲密接触，导致暗生情愫。其次，要更多地与男孩相处，培养自己的阳刚之气，可以与男孩玩一些更适合男性的运动项目。最后，为了避免对某个女孩产生特殊的好感，男孩还应该有意识地结交更多的异性朋友，从而避免与某个女孩走得太近，或者与某个女孩产生不该有的感情。总而言之，男孩应该理性对待与女孩的友谊，把与女孩的友谊维持在朋友的范围内，这样才能让学习生活更纯粹，避免因为早恋而影响学习和同学间的正常交往。

与异性相处，要自重自爱

在老师和父母的双重压力下，皮皮不得不把与小美的感情再次转入地下。因为老师非常敏感，也很重视早恋，还把他与小美的座位调开了，所以皮皮只能在下课的空闲偷偷摸摸和小美说几句话，小美因为担心再次被老师和同学发现，总是远远地躲着皮皮，不愿意给人落下话柄。

有一个周末，皮皮在街上遇到小美，终于抓住机会向小美表达自己的心意。这个原本理性的少年，也许是被爱情的火焰冲昏了头脑，居然当着满大街人的面对小美说："小美，我喜欢你，你当我的女朋友吧，我保证会非常小心，不被老师和同学发现。"小美一见到皮皮扭头就往回走，皮皮却跟在小美身后继续说："小美，我一定会娶你的，我拉了你的手，还拥抱了你，放心吧，我会负责任的。"听到皮皮的话，路过的很多人都笑起来，小美羞愧得无地自容，居然哭了起来。最终，小美拔腿跑开了，皮皮这才罢休。

和小美展开初恋之后，皮皮一下子尝到爱情的滋味，从之前的拒绝早恋，到现在沉迷于早恋，俨然难以自拔。对于皮皮的状态，小美是相对理性的，也不想再因为早恋问题被老师批评，被父母教育，因而总是躲着皮皮，不愿意再与皮皮有任何关系。但是皮皮不以为然，他总是想与小美继续发展关系，这也使得小美苦不堪言。因为这番露骨的话，小美很担心，因而回家之后就把事情告诉了爸爸妈妈，从而撇清自己的责任。爸爸妈妈不想让小美承受压力，遭到骚扰，因而又把这件事情反馈给老师，让老师给皮皮做好思想工作，收拢心思用于学习。如此一来，皮皮再次受到深刻教育，他感到沮丧极了，不知道为何原本与自己相互喜欢的小美，突然之间就改变心思了呢！

正如歌德所说，哪个少女不善怀春，哪个少男不善钟情。青春期男孩和女孩正处于身心快速发展的阶段，情窦初开完全是正常现象。所以对于青春期男孩和女孩出现的早恋现象，父母无须过分担心，只要加以适当引导即可。然而，爱情的禁果一旦品尝，要想完全忘记就很难。皮皮在受到父母和老师的压制后，心中爱情的火焰非但没有熄灭，反而还熊熊燃烧起来。又加上小美对他故意疏远，更激发了他想收获爱情的决心和信念。对于皮皮的状态，更多的应该是引导，而不要过分压制。感情就像流水，宜疏不宜堵，不仅成人如此，孩子也是如此。

不管是受欢迎的爱情，还是不受欢迎的爱情，在爱情之中，青春期男孩都应该自尊自重。哪怕心中爱情的火焰正在灼灼燃烧，也应该保持理性，而不要对异性说出轻浮的话，更不要做出违背规矩的举动。不管是男孩还是女孩，言语轻浮都是一件很糟糕的事情，一定要端正态度，规范和约束自己的言行，才能以对他人的尊重，赢得他人对自己的尊重。

作为男孩，如果遇到女孩言谈举止轻浮，也要及时保持距离，从而避免被诱惑，做出冲动的举动。对于女孩说出的轻浮语言，男孩可以假装没有听到，从而义正词严地拒绝女孩的轻浮，让女孩有所收敛。当女孩做出不该有的举动，男孩更应该及时避开，这样才能与女孩保持适度距离，也才能保持与女孩的适度交往，不逾越规矩。

第 03 章

青春期要谨记，男孩也需护身体

在教养孩子的过程中，很多父母都形成了一个错误的观念，即觉得只有女孩需要注意保护自己的身体，而男孩则不需要关注和保护身体。实际上，这是对性别的误解，也是因为不了解男孩遭遇身体伤害的诸多复杂情况。对于青春期男孩而言，他们也需要保护好自己的身体，才能健康茁壮地成长。

青春期，懵懂不知爱的年纪

才进入初二，丁丁就与同班的一个女孩坠入爱河，并且因为冲动，做出了不该有的举动和行为。初尝禁果的他们，就像高速行驶的列车，根本刹不住车，一味地往前冲。才亲密交往几个月，女孩就发现例假连续两次都失约，而且她还出现了恶心呕吐的感觉。女孩以为自己生病了，赶紧告诉妈妈。妈妈压根没想到女孩会怀孕，因而带着女孩就诊。当看到B超单上的结果时，妈妈简直如同遭遇晴天霹雳，觉得天都要塌了。

在妈妈的审讯下，女孩无力抵抗，更无法独自承受，告诉妈妈一切都是丁丁的所为。妈妈辗转打听到丁丁妈妈的电话，和丁丁妈妈说了情况，丁丁妈妈也感到非常惊讶，她简直不敢相信向来听话的儿子会做出这样的荒唐事。然而，事情既然已经发生，就无法逆转，妈妈只好带着丁丁去对方家里负荆请罪，并且表示一切都听从对方的安排。当然，这个孩子是不可能生下来的，后来，为了掩人耳目，两个妈妈带着女孩去外地堕胎，而丁丁因为闯下这么大的祸，又心疼心爱的女孩，也无心学习，导致成绩一落千丈。

真正的爱是什么？真正的爱是爱惜对方，决不让对方吃一点点苦，更不会做伤害对方的事情。然而，在爱情的懵懂无知中，丁丁却伤害自己心爱的女孩，这让他懊悔不已，也让他心神涣散，根本无心学习。很多青春期男孩都以为自己懂得爱情，却不知道在自以为懂爱的年纪，他们对于爱情却是懵懂无知的。所以青春期男孩不要轻易说爱，在不知爱情为何物的年纪，只有怀着谨慎的态度对待爱，怀着耐心态度等待自己成长，才是最应该做的。

曾经有一位大名鼎鼎的作家说过，早恋就像是一朵长满刺的玫瑰，闻起来芳香扑鼻，看起来娇艳动人，但是当真正忍不住去触摸的时候，却又被刺无情地扎伤，导致受到伤害，也对爱情心有余悸。提起早恋，很多父母都把早恋视为洪水猛兽，总觉得孩子只要一与早恋扯上关系，就变得无可救药。其实，对于爱情的悸动，是青春期男孩和女孩正常的生理反应与心理需求，完全是无可指责的。父母要做的是引导男孩不要在不知爱的年纪懵懂说爱，而要耐心等待自己渐渐成长，才能初尝爱情。

在进入初中阶段之后，大多数孩子都进入青春期，在大量分泌的荷尔蒙刺激下，很多男孩都无法控制自己对于爱的冲动，与心爱的女孩陷入了爱情的旋涡之中。通常，人们都把初中阶段的爱情定义为早恋，这是因为青春期男孩尽管已经有了爱的冲动，从心理的角度而言，却还不懂得什么是真正的爱。实际上，恋爱是没有早晚之分的，就像人睡觉吃饭一样，都是正常的生理需求和感情需求。但是从另一个角度而言，青春期孩子的心理状态不够成熟，身体也处于快速的成长之中，因而爱情根本没有牢固的基础，也很难修成正果。在这个阶段，大多数爱情都是苦果，因此青春期男孩一定要控制住自己的内心冲动，尽量避免早恋。

就算真的与心爱的女孩两情相悦，也应该努力控制感情，让彼此保持纯粹的友谊。真正的爱情，是禁得起等待的，与其在不懂爱情的年纪白白浪费了缘分，不如耐心等待，以彼此的努力来换取未来受到祝福的感情。

一旦青春期男孩控制不住身体上的冲动，与女孩发生性行为，轻则伤害女孩的身心健康，也让自己背负沉重的精神负担，重则导致女孩早孕，对女孩的人生造成不可挽回的伤害。显而易见，这样的结果是谁也不想看到的。很多事情，与其等到发生了再去挽回，还不如在没有发生的时候防患于未然。端正心态，理智对待感情，控制住自己的冲动，这才是理性明智的青春期男孩该做的事情。

早恋，是青涩的苦果

转眼之间，丁丁已经读高中了。为了让丁丁专心学习，爸爸妈妈把丁丁送到一所离家很远的私立高中学习。丁丁从未离开过家，才到学校就陷入对爸爸妈妈的思念之中，又因为缺乏独立生活的能力，所以他感到很无助。就在此时，一个女孩走入丁丁的世界，她主动教会丁丁刷碗洗衣服，还温柔地安慰丁丁不要想家。一个孤独寂寞的灵魂，突然得到如同人间甘霖的滋润，丁丁感到满心欢喜，也很快就陷入了对女孩的喜爱之中。

自从在初中的时候导致初恋女孩怀孕并且转学，丁丁对于爱情就心有余悸，他曾经下定决心再也不要早恋，而是要把所有的心思都用于学习上，等到真正成人了，再去寻找初恋。然而，正在此时，温柔的女孩住进丁丁的心里，因为想家而变得脆弱的丁丁，一下子就缴械投降了。原本，丁丁的学习成绩在班级里排名很靠前，但是自从喜欢上女孩之后，丁丁总是情不自禁地走神，还会幻想着和女孩做不该做的事情。再想想初恋女孩所承受的痛苦，丁丁就觉得自己是邪恶的，因而狠狠地批判自己，禁止自己胡思乱想。越是这样，思想越是像脱缰的野马，在丁丁的心中胡乱地冲撞。一个学期下来，丁丁的学习成绩下降得很厉害，还有一门成绩没有及格。寒假回到家里，面对父母责怪和怀疑的眼神，丁丁无言以对。他发誓开学之后要抛开一切非分之想，专心致志地学习，努力考上好大学。但是才开学没几天，丁丁看到女孩就又无法控制自己纷乱的思绪了。

大多数早恋都没有好的结果，一则是因为青春期孩子正处于身心快速发展的阶段，很多方面都没有成型，二则是因为青春期正处于学习的关键阶段，孩子们往往承担着重要的学习任务。由此一来，一旦分心处理感情的事情，青春期孩子必然陷入苦恼之中，在懵懂不知爱的年纪非要弄清楚爱情为何物，可想而知对于青春期孩子而言有多么艰难。

人的时间和精力都是有限的，尤其是孩子，更容易被分散注意力，因而导致在学习上神思涣散。这样一来，必然影响学习。所以对于青春期男孩而言，一定要以学习任务为重。尽管青春期男孩爱慕异性的心理是完全正常的，但是青春期恋爱并非是好事情。当然，如果青春期男孩拥有足够的自制力，能把自己对于女孩的爱埋藏在心底，从而化爱情为上进的动力，默默努力，那么早恋也许会对青春期男孩起到积极的推动作用呢。当然，真正能做到这一点的男孩少之又少，因为大多数男孩处于青春期都很冲动，也缺乏自制力。所以为了避免糟糕的情况发生，男孩一定要理性克制自己，把更多的时间和精力用于学习上，也要多多与同性相处。当必须与异性相处时，要避免单独和异性相处，而与更多的异性一起相处，这些都是避免爱上某个女孩的有效防范措施，也可以避免被早恋的苦果砸中。

爱情的花朵，只有在最美的年纪绽放才能芳香浓郁，给相爱的人带来幸福和快乐。当青春期男孩情窦初开，不如把这份青涩的感情埋藏在心底，等到最美好的年纪，让爱情就像陈年佳酿一般重现。

保护自己的身体，不被他人触碰

正当丁丁饱受单相思之苦时，他突然发现同宿舍的一个男生很奇怪，总是喜欢和他挨在一起坐着，而且还时常不由分说在就寝的时候爬到他的床上，与他挤在一个被窝，与此同时对他动手动脚。丁丁一开始以为这个男生和自己一样饱受想家的苦，所以对这个男生比较宽容。然而，随着时间的流逝，丁丁发现这个男生越来越过分。例如有一次丁丁正在淋浴呢，这个男生就拿了洗漱间的备用钥匙打开门进去，说是要和丁丁鸳鸯浴。丁丁忍无可忍，当即怒斥那个男生："滚，快点滚出去，我可不想那么恶心和一个男生一起洗澡。"男生嬉皮笑脸朝着丁丁靠过去，问道："难道你是想和女生一起洗澡？"丁丁不由分说抓起浴巾逃离洗漱间，那个男生得意地哈哈大笑起来。

这次事件，让丁丁意识到那个男生很反常。因而当那个男生再想靠近丁丁的身体时，丁丁总是坚决拒绝，连碰也不让碰。在被丁丁几次严词拒绝之后，男生不敢再靠近丁丁了。直到在图书馆里看到关于同性恋的书，丁丁才意识到自己不知不觉之间被一个男人吃了豆腐，觉得就像吞了一只苍蝇一样，心里恶心极了。

　　很多父母，甚至包括相当一部分男孩在内，都觉得只有女孩才要小心保护自己的身体不被侵犯，而男孩根本不可能遭到侵犯，因为他们想不明白有谁要去侵犯男孩的身体呢？其实，这个世界远远比人们所想象的更复杂，根本不是那么简单纯粹的。男孩遭到身体侵犯的情况很多，例如事例中丁丁的遭遇，很有可能是因为那个男生有同性恋倾向，而因为大多数男孩包括女孩在内对于同性都缺乏警惕心理，所以他们很少怀疑同性侵犯自己，这也给有同性恋倾向的人以可乘之机。

　　相比起同性，异性对于男孩的侵犯也很常见。不仅同年龄段的异性有可能侵犯男孩，有很多年纪比较大的异性或者同性，也会侵犯男孩。这是因为人的心理会呈现出各种各样的状态，还有很多人存在心理扭曲。所以在与他人相处的时候，男孩一定要保持警惕，不要因为放松了戒备心理，就遭到他人的侵犯。每个人的身体发肤都受之父母，也是自己生存于这个世界的皮囊，所以要多加爱惜自己的身体，才能健康快乐地成长。

男孩也会遭遇性骚扰

进入高二年级，丁丁已经长到一米八三了，而且身材笔直挺拔，一看就很英俊帅气。为此，他成为班级里很多女生暗恋的对象。因为丁丁不愿意在高中阶段谈恋爱，所以这些女生对于丁丁只能远观，不能近看。在所有女生中，只有一个女生例外，那就是一向都像假小子，且以哥们对丁丁自居的丹阳。

很多默默喜欢丁丁的女生，一看到丁丁就会面红耳赤，唯独丹阳因为在班级里一直像个假小子，很少与女同学亲密相处，反而总是与男生打成一片，因而也就有了与丁丁亲近的理由。刚开始，丁丁以为丹阳真的是哥们，后来才发现，丹阳原来也在默默地喜欢他，并且常常找各种机会吃他的"豆腐"。丁丁对此并不反感，他总是想；反正我是男孩，被吃豆腐也不吃亏。然而到了高三，丹阳不那么淡定了，赶在高考之前，她迫不及待想要向丁丁表白，让丁丁明白她的心意。丹阳一直以来大大咧咧习惯了，不知道如何表达自己的感情。有一天，在操场上夜跑的时候，她与丁丁不约而同都在主席台下面的暗影处休息，趁着四周无人，她突然抱住丁丁，主动地亲吻丁丁。丁丁被她吓了一大跳，赶紧逃开。有了这次之后，丹阳更加大胆起来，经常对丁丁做出轻浮的举动，想要诱惑丁丁。丁丁虽然不讨厌丹阳，但也很清楚丹阳并不是自己喜欢的女孩，为此他明确向丹阳表态。但是丹阳对此不以为然，依然想要诱惑丁丁对她做出出格的举动。无奈之下，丁丁只好处处躲避丹阳，避免和丹阳私下相处。就算在公开场合，丁丁也会刻意与丹阳保持距离，把丹阳当成真正的女孩子看待，而不给丹阳以铁哥们作为理由吃他的

"豆腐"。

　　大多数人都以为只有女孩才会遭遇性骚扰，殊不知，在青春期，不但男孩受到荷尔蒙的驱使，女孩也同样因为激素的大量分泌，而不得不面对生理上和心理上双重的躁动不安。因而，不仅青春期男孩会因为内心的悸动，情不自禁想要亲近女孩，青春期女孩同样会因为爱的驱使，对喜欢的男孩做出非分之举。这完全是符合生理发展规律的，男孩和女孩都无须为此感到羞耻，但是为了避免自己做出冲动的行为，还是应该以理智战胜感情，也以理智束缚自己的言行举止。

　　当然，除了来自同龄女孩的性骚扰之外，青春期男孩还会面临很多来自其他人的性骚扰。诸如同性恋的同龄人或者其他年龄阶段的人，或者是心理和感情状态异常的大龄女青年或者是女性长辈。听起来这似乎不可思议，然而很多事情并不因为人们想不到就不会发生。青春期男孩正处于身体快速发育的阶段，他们的身体里蕴含着蓬勃的生机和狂野的力量，这对于很多心理扭曲的人而言，原本就是极大的诱惑。因而不仅青春期女孩要保护好自己，避免受到骚扰，青春期男孩也要保护好自己，对于来自他人的亲密接触一定要心怀警惕，而不要因为无知不知不觉间被他人占了便宜，也导致自己的身体和心理受到伤害。

离家出走，不可挽回的伤痛

　　因为一次考试成绩不够理想，小雨被爸爸狠狠说了一通，又因为犟嘴被爸爸打了一巴掌，因此就负气离家出走了。一开始，小雨只想去附近的网吧里逗留一两天，给爸爸一个教训，让爸爸以后再也不敢训斥他，更不敢和他动手。然而到了夜晚，网吧里充满了各色人等，有个男人看到小雨孤身一人，因而问小雨："小弟弟，你怎么这么晚了还不回家？"小雨正在气鼓鼓的，嫌弃爸爸没有来找他呢，因而对着男人大诉苦水："我不想回家，我以后都没有家了。我的爸爸妈妈都只关心我的成绩，根本不关心我的死活，我怀疑我不是他们亲生的，所以他们才会对我这么狠。看看我的脸吧，到现在还红肿着呢，都是爸爸打的。"

听到小雨的话，男人露出不易觉察的笑容，说："小弟弟，你爸爸真是不应该，有你这么好的儿子，怎么还能动手呢！你一定还没吃饭吧，我带你去吃饭吧，我知道这附近有一家寿司店非常正宗。"小雨最爱吃寿司了，但是他生气离开家的时候身上只有几十元钱，只够他吃方便面和在网吧里度过两个晚上的。为此，听到男人说起正宗的寿司，小雨不由得直咽口水。最终，他没有扛住美食的诱惑，居然跟着男人离开网吧，朝着寿司店走去。男人掏出二百元钱让小雨一次吃个痛快，小雨吃得酣畅淋漓，此前每次吃寿司，爸爸妈妈都限定他只能吃五十元钱的，根本不让他多吃。小雨对男人感激涕零，为此，当吃完寿司男人提出让小雨跟着他去睡觉的时候，小雨丝毫没有多想，很顺从地就跟着男人回到凌乱的出租屋里。

到了出租屋没多久，小雨就昏昏沉沉地睡去了。等到小雨醒来的时候，发现自己正躺在派出所里，不由得大惊失色，而妈妈正守在小雨身边哭泣呢。小雨不知道是怎么回事，赶紧询问妈妈情况。原来，小雨前一天遇到的人是人贩子，专门贩卖小孩的。对于大一些的孩子，就会贩卖器官。人贩子看到小雨独自一人在网吧，夜深了也不回家，猜到小雨有可能是离家出走的，因而就对小雨下手了。警察看到小雨醒来，赶紧教育小雨："小朋友，你可是福大命大，幸亏你爸妈报警及时，央求我们用摄像头找你，你才幸免于难。否则，如果按照规定失踪二十四个小时才能立案，你现在早就被人贩子带离本地了。"听到警察叔叔的话，小雨大哭起来，当即向妈妈保证："妈妈，我以后再也不离家出走了。"

很多男孩都非常冲动，尤其是在青春期，哪怕受到小小的委屈，他们也会当即以极端的手段表示反抗。殊不知，离家出走尽管容易，一旦离开家门，不遇到坏人还有可能被父母找到，而如果被坏人盯上，再想回到家里可就千难万难了。很多孩子离开家之后，再也没有回到家，永远下落不明，不知道命运如何。幸运的孩子离开家被找到，才能继续回到生活的正轨。人生之中很多重大的转折并非出现在关键的时刻，而往往是那些看似不经意的决定，彻底改变了人生的轨迹，也让人生变得面目全非。很多男孩不知道这其间的厉害，仗着自己稍微长大一些了，动辄就要离家出走，不得不说，这是非常愚蠢的行为。

在这个世界上，无条件爱孩子，为孩子付出，对孩子好的人，只有父母。认清楚这一点，男孩才不会因为父母的误解或者是不正确的对待，就要离家出走。要知道，家是安全的避风港，也是唯一能保护孩子们健康成长的地方。唯有在父母支撑起的家中，男孩才能健康茁壮地成长。因而当与父母有了误会或者感到委屈的时候，男孩一定要积极主动地与父母沟通，而不要以离家出走逃避问题，更不要试图以离家出走的方式想要逼迫父母就范。归根结底，离家出走事件中受到伤害最大的就是孩子，等到追悔莫及想要回家的时候，男孩才会发现自己已经没有回头路可走。从这个意义上而言，大多数男孩的离家出走行为，选择的都是不归路。因而男孩一定要坚决打消离家出走的念头，要想离开父母的身边独自去生活，也要等到有自食其力的能力时再独自闯世界。当然，离开父母不是抛弃父母，当男孩成长到足以为自己的人生负责时，就要开拓属于自己的人生，与此同时也要照顾日渐年老的父母。这才是真正的男子汉应该做的事情。

人生是一场艰难的旅程，小心翼翼也未必能把人生的每一步走好，更何况是负气前行，故意把自己置身于危险的境地呢？不管多么冲动，也无论多么愤怒，男孩都要始终牢记一点——父母是真正爱自己，且为自己好的。这样想来，男孩就能消除怒气，并发自内心地感恩父母，更不会冒着以付出生命为代价的危险离开父母的身边，给自己的人生造成无法挽回的伤痛。很多事情如同离弦的箭，是根本没有回头路可走的。很多人生的遗憾一旦造成，再也无法弥补。

男孩，你需要了解艾滋病的知识

一个周末，小雨和爸爸一起坐在电视机前看电视节目。当天正逢艾滋病日，电视节目中正在宣传关于艾滋病的知识，提醒人们一定不要通过非法途径献血，而且也不要进行混乱的性行为等。看到这里，小雨很纳闷，问爸爸："爸爸，什么是艾滋病？"

爸爸看着小雨欲言又止，又想到小雨已经长大了，理应掌握更多的知识，才能有效保护自己，避免危险，因而对小雨进行了艾滋病知识的普及。爸爸对小雨说："艾滋病又叫获得性免疫缺陷综合征。很多人误以为艾滋病只是一种性病，就是性生活不洁引起的。殊不知，艾滋病的传播途径很多，尤其是黑市上的买卖血液的交易，因为消毒不够严格，所以更容易导致患上艾滋病。艾滋病病毒会攻击人体免疫系统，尤其是攻击人体中免疫功能最强的CD4T淋巴细胞，因而人一旦感染艾滋病毒，身体的抵抗力就会渐渐消失，导致患上各种疾病，还有极高的可能患上恶性肿瘤。所以，艾滋病毒对人体健康的危害是特别大的，必须引起足够重视。"小雨瞪大眼睛听得很认真，爸爸继续告诉小雨："在成人之中，性生活混乱也是导致艾滋病高发的主要原因。"说完，爸爸还对小雨简单普及了性知识，并且告诉小雨使用干净卫生的避孕套，是避免传染艾滋病的重要手段。小雨有些害羞，说："我还小呢！"爸爸正色说道："小雨，每个人都会长大，也要懂得各种保护自己的方法和途径。很多问题，并非是我们故意逃避就可以避免发生的，任何时候，知道得多总比知道得少更好。唯有掌握更多知识，我们才能占据主动，也才能有效保护自己。"小雨点点头，说："谢谢爸爸告诉我这么多，我会认真努力学习，也会多多学习自我保护知识的。"爸爸欣慰地抚摸着小雨的脑袋，说："孩子要想健康长大，真的太不容易了。长大之后，要想尽量避免伤害，也同样要非常努力，毕竟伤害是无处不在的，一个人唯有自律自爱，拥有自我保护意识，掌握自我保护的技巧和方法，才能有效避免伤害。"小雨补充道："长大之后，还得保护孩子呢！"爸爸笑着点点头，说："你这个小鬼头！"

正如事例中爸爸所说的，很多事情并非故意逃避就能避免发生的，这也告诉每一位父母，不要逃避对于孩子的性教育，因为一味地拖延只会导致孩子在无知中犯下更严重的错误，而唯有尽早对孩子进行性教育，才能让孩子对性更了解，也才能让孩子更有效地保护自己。

如今正处于信息大爆炸的时代，很多时候无法从父母那里得到的性知识，孩子也会通过网络、书籍等途径获取。然而，很多网络上的知识都是没有经过筛选的，未免会导致孩子接受错误的教育和引导。与其让孩子自己误打误撞，父母不如给孩子正确的引导，这样才能及时教会孩子正确的自我保护技能和技巧，也让孩子更加有效地解决成长过程中的困惑。尤其是关于艾滋病的知识，父母更不能逃避，而是要找到恰当的机会告诉孩子，这样才能避免孩子无意中对自己造成不可挽回的伤害。

当然，谈到艾滋病，就不得不说起艾滋病的传播和感染途径，要对孩子普及性知识，进行初步性教育，才能更有效地提升孩子的自我保护能力。很久以前，人们讳疾忌医，不愿意去见医生，更不愿意说起自己的身体有哪些不舒服的地方。如今，已经进入科学时代，每个人都要对科学怀着理智谨慎的态度，而不要盲目地逃避很多恶疾。除了从父母那里获得知识之外，随着不断成长，男孩已经可以完全独立阅读，在这种情况下可以购买相关的书籍学习自我保护的知识，也深入了解自己感兴趣的问题。等到有不懂的地方再询问父母，就能更加有的放矢，得到满意的解答。总而言之，男孩的自我保护能力并非是与生俱来的，而一旦进入社会之后面临的危险也是方方面面的。不管是家庭和父母，还是男孩自身，都要尽量全方位掌握自我保护的方法和技能，才能避开危险，保证健康成长。所谓安全无小事，其实不管是男孩还是成熟的男人，都面临自我保护问题，因而及早培养男孩的自我保护意识，帮助男孩掌握自我保护能力，都是至关重要的。

有委屈要诉说，不要伤害自己

小雨小时候是个非常外向的男孩，随着不断成长，变得越来越内向。到了五年级时，小雨再也不愿意和妈妈手挽着手去人多的场合了，如果非要和妈妈结伴而行，他也会与妈妈保持一定的距离。为此，妈妈很困惑：小雨怎么了，为何一下子与爸爸妈妈疏远了呢？

有一次考试，小雨因为考试之前感冒发烧，缺了课程，导致对几个知识点还没有掌握，因此考试成绩一落千丈。爸爸看到考试成绩之后非常生气，气愤之余居然忘记了小雨因为生病请假的事情，因而劈头盖脸对着小雨一通数落。小雨很伤心，咬紧牙关努力不哭出声，也许是因为委屈，他居然还把嘴唇都咬破了。事后，妈妈看到小雨受伤的嘴唇，和胳膊上深深的牙印，不由得感到心疼。此时，她和爸爸才想起来小雨曾经缺课，一定是错过了某些新的知识点的学习，为此都感到很懊悔。当看到小雨对自己的伤害，妈妈才意识到问题的严重性，对小雨说："小雨，你为何不解释呢？"小雨郁闷地说："你们都忘记我生病了，我为何要解释？"妈妈有些尴尬，说："小雨，爸爸妈妈也是人，不是神仙，每天除了要照顾你，还要忙于工作，难免会有遗忘和疏漏的时候。你应该把事情说出来，或者提醒爸爸妈妈，这样爸爸妈妈就会想起来的。你看看，你不解释，反而把自己弄伤，这样爸爸妈妈会很心疼，你自己也会很痛苦啊！"看到妈妈心疼的表情，小雨似乎胜利了一样，说："谁让你们记性不好呢，就该受到惩罚！"看着小雨幸灾乐祸的样子，妈妈突然意识到小雨是在用伤害自己的方式惩罚父母，为此妈妈当即引起足够的重视，一本正经地对小雨说："小雨，你的身体只属于你自己，虽然你把自己弄伤了，爸爸妈妈很心疼，但是真正受伤的却是你自己。你现在这样伤害自己，如果以后愈演愈烈，做出更出格的举动，就会追悔莫及。例如有的孩子一生气就要寻短见，因为冲动而跳楼。那么在坠落的瞬间，即使他后悔了，还能挽回吗？或者失去生命，或者变成残疾，成为植物人躺在床上，或者导致四肢不能动弹。你想想，这样的结果还能挽回吗？"看着妈妈严肃的表情，小雨这才意识到问题的严重，他认真地想了很久，才对妈妈说："妈妈，你说得对，我不应该伤害自己，我以后再也不会这么做了。"

有些伤害是无法挽回的，作为父母，在发现孩子有伤害自己的端倪时，一定要及时纠正孩子的错误观念和偏差行为，否则日久天长，孩子发现伤害自己能让父母妥协，或者帮助自己在与父母的博弈中获胜，那么孩子就会更加频繁地伤害自己，也导致伤害行为愈演愈烈。显而易见，这样的做法对于孩子的成长将会造成致命的伤害。

作为男孩，因为青春期而变得冲动易怒，都是正常的。但是，一定要掌握适宜的情绪发泄方式，而不要总是任性地伤害自己。如果遭受误解，或者受了委屈，只有及时沟通才能解决问题，否则一味地怄气，伤害自己，非但不能及时解决问题，反而会导致问题更加严重。明智的男孩会控制自己的情绪，消除自己的怒气，从而在生命的历程中不断地引导自己朝着正确的道路行走，尤其是在与他人的交往中，保持平静理智，也能使得人际关系更加和谐融洽。

现代社会，很多孩子都在父母无微不至的照顾下长大，得到了父母和长辈全部的关爱。他们是家中的小皇帝，从小到大从未受到过任何委屈。然而，随着不断地成长，男孩归根结底要走出家庭，融入集体生活之中，也要渐渐地参与社会。当人际交往的范围越来越广，男孩不可能再像此前一样得到所有家人的关心、宽容和谦让。相反，男孩会受到更多不公正的待遇，也会经常遭遇误解，受到委屈，这种情况下，男孩一定要保持内心的平静和理智，要具有相当的承受能力，从而让自己变得更坚强，更加心胸开阔。人们常常形容弥勒佛"大肚能容，容天下难容事；笑口常开，笑天下可笑之人"。大多数男孩尽管不能与弥勒佛一样宽容有气魄，却也有必要让自己变得更理性宽容，这样才能拥有开阔的人生。

第04章

不做莽撞男孩，先保护自己再保卫他人

　　作为男孩，他们往往会心中生出英雄的豪情，觉得要肩负起保护他人的责任。实际上，男孩如果不能先保护好自己，就无法谈及保护他人，因为一个自身不保的人是不可能还有余力做到保护他人的。从这个角度而言，男孩对于自己的角色应该有理智清醒的认识，要意识到唯有保护好自己，才能真正保卫和守护他人。

兄弟情谊，是男孩成长的最好礼物

凯威很喜欢交朋友，在小学阶段，凯威有很多朋友，其中不但有男同学，也有女同学，总而言之凯威在班级里人缘很好，不管走到哪里都受欢迎。然而自从进入初中之后，凯威发现交朋友越来越难了，有一段时间，凯威就像一个独行侠，不管走到哪里都是独自一个人。他甚至觉得世界上只剩下自己，唱着孤独的独角戏，为此凯威郁郁寡欢，不知道如何排遣心中的孤独寂寞。

在学校里举办运动会期间，凯威报名参加了八百米中长跑，这时候，默默无闻的凯威才吸引了其他同学的注意。尤其是同班同学丽丽，更是对以第一名的好成绩冲过终点线的凯威表现出强烈的好感，这非但没有让凯威觉得庆幸，反而让凯威陷入更深的寂寞中。因为班级里有很多男生都喜欢丽丽，因而当发现丽丽唯独青睐凯威时，几乎所有男生都不约而同选择了更加疏远凯威。凯威觉得郁闷极了。然而，凯威也喜欢丽丽，他无法拒绝丽丽。有段时间，男生们合起伙来欺负丽丽，嘲笑丽丽是倒追男孩，凯威奋起保护丽丽，却因为势单力薄，遭到男生们的一致抗拒。面对委屈的丽丽，凯威觉得自己很无能，甚至忍不住和其他男生打了一架。如此一来，非但没有解决问题，反而导致情况更加糟糕，就连爸爸妈妈也被惊动了，不得不去学校找老师解决问题。

　　得知凯威在学校的情况，爸爸妈妈没有批评凯威，因为他们意识到凯威长大了，不能再一味呵斥了，而是要给凯威讲道理，疏通他的内心。回到家里，爸爸向凯威竖起大拇指，凯威不知所以，还以为爸爸是在故意挖苦讽刺自己呢，不想爸爸却真诚地说："凯威，你能挺身而出保护女同学，我觉得你已经是男子汉了。"看着爸爸的模样，凯威不知道自己是该接受还是该拒绝。正当凯威犹豫不决时，爸爸话锋一转，接着说："不过我觉得你并没有真正解决问题。"凯威很困惑："怎样才能真正解决问题呢？"爸爸笑了，说："其实，那些男生都在嫉妒你。我觉得，对于你而言，与男生的友谊比与女生的友谊更重要。当然，不是让你'重友轻色'，而是告诉你一定要学会抓住主要矛盾。你想，如果你与男生搞好关系，他们还会因为嫉妒你而攻击丽丽吗？他们甚至会羡慕你有一个异性的好朋友。"爸爸的话让凯威茅塞顿开，但是他不知道要怎么做，才能实现圆满的结果。爸爸建议凯威："如果你能先收敛与丽丽的友谊，而与男生走得更近，我想他们会欢迎你的。"凯威也没有更好的办法，因而就采纳了爸爸的建议。果不其然，在一段时间之后，凯威得到了男生的欢迎，他与丽丽的友谊再也没有遭到非议。

　　正如周华健在《朋友》这首经典老歌里所唱的，朋友一生一起走。对于每个男孩而言，朋友都是他们一生的陪伴，是命运赐予他们的最好礼物，也是他们在成长过程中不可或缺的陪伴。如果没有朋友，男孩的成长一定是寂寞的，如果没有友谊的滋养，男孩的成长也将会是干涸的。从本质上而言，青春应该是绚烂多姿的，然而，偏偏因为青春期的特殊阶段，很多男孩都会陷入孤独寂寞之中。也因为青春期的冲动和莽撞，男孩往往非常讲究义气，会想要给予朋友更多的照顾和支撑。然而，照顾朋友一定要讲究方式方法，如果把自己都搭进去了，还如何照顾和支撑朋友呢。每个男孩都要更加理性，才能拥有健康和理想的友谊。

要想青春期不烦恼，男孩就要更加理性，处理好同性与异性之间的友谊，才能建立良好的人际关系。当然，青春期男孩一定要有自信，这样才能在人际交往过程中更从容。此外，还要变得勇敢，内心充满勇气。这样一来，男孩在觉得孤独寂寞的时候，才能主动结识他人，发展人脉关系，也才能战胜心里的自卑，自信地展示自己的风采。不可否认的是，青春期总是要承受孤独与寂寞的。因而男孩还要学会独处，不要因为一时的寂寞就觉得无法忍受。从本质上而言，一个人唯有处理好与自己的关系，才能学会与这个世界相处。当然，面对青春期的孤独苦闷，男孩如果在短时间内不能拥有朋友，那么还要学会以合理的方式发泄自身的不良情绪，这样才能避免情绪郁积于心给自己带来的伤害，从而保持内心的平和宁静，也让自己摆脱压力和糟糕的状态。

好男儿从来不笑人贫穷，更不妒忌财富

在小学阶段，凯威一直过得很快乐，尽管他的家属于普通的中产阶级，但是他从未意识到自己过得比某些同学好，也没觉得自己过得不如

某些富裕的同学。然而到了初中，一切都改变了。同学们之间越来越攀比，很多家庭富裕的同学在一起交流时，总是比自己的衣服鞋子是不是名牌，学习用具是从美国带来的还是从加拿大带来的，渐渐地，凯威觉得越来越自卑，内心也失去了平衡。

一天中午吃完午饭，同学们又聚集在一起聊天。在听完富裕的同学炫耀家境的富有之后，凯威觉得很无聊，内心也很空虚，因而就走到另一堆同学那里。凯威其实很尴尬，因为他家既不算富裕，也不算贫穷，所以在班级里贫富两极分化的群体中，他不上不下，常常被孤立。也许是因为刚刚被有钱的同学刺激吧，凯威急需寻找一点儿优越感让内心恢复平衡，因而他就来到家境贫穷的同学之间。在与同学聊天的过程中，他有意或者无意地炫耀自己的家境，果不其然，很快那些同学就散去了，和凯威一样，他们也不愿意被有钱的同学刺激。凯威却在这短暂的交谈中获得心理平衡，忍不住沾沾自喜起来。

一个周末，凯威在妈妈的陪伴下去购买鞋子。妈妈惊讶地发现此前从来不讲究牌子的凯威变了。面对妈妈为他选择的普通鞋子，凯威说："这些鞋子连个牌子都没有，我想穿阿迪达斯的，我可不想和土老帽一样与那些穷同学一个档次。"听到凯威不屑一顾地说起穷同学，妈妈马上正色说道："你们同学也分穷富吗？"凯威回答："当然，富有的同学是一派，贫穷的同学只能边上看，多可怜！"妈妈撇撇嘴说："如今的孩子真是要逆天了，花着父母的钱，还要攀比。我能说不管穷富，你们都是父母养着吗？有什么必要攀比呢？"凯威听出妈妈有些生气，说："我不是攀比，我只是不想被孤立。其实那些有钱的同学也很讨厌，他们动辄就比名牌，我也是被逼无奈才要名牌的。"妈妈当即正色说道："我不管其他孩子如何，我决不允许你攀比。你记住，爸爸妈妈都是农民的孩子，我们的家比你们班级里任何一个孩子的家都更贫穷，但是这并不影响我和爸爸努力。我们考上大学，凭着拼搏改变命运，留在城市里。所以，你不要笑话任何一个同学贫穷，因为你的根在更贫穷的农村。贫穷不能决定命运，只有不上进才会让人沉沦。"凯威显然没有想到妈妈会有这么大的反应，因而怔怔地看着妈妈。妈妈继续说："你也不要和富人家的孩子比，很多富二代不思进取，活得还不如穷人家的孩子呢，但是你也不要嫉妒人家，因为人家拥有的一切都是父母甚至祖辈努力辛苦才得来的。对于每个同学，都要保持一颗平常心，你才能像以前一样专心学习，而不要把时间和精力浪费在毫无意义的攀比上。"妈妈的话让凯威陷入沉思，最终凯威选择了一双没有任何牌子但是穿着舒适的鞋子，因为他觉得妈妈说的话很有道理。倒也奇怪，在不攀比之后，凯威就很少意识到同学们之间的贫富差距了，而是内心坦然，与每一个同学都相处得很好，朋友也渐渐多了起来。

妈妈说的话很有道理，其实不仅作为孩子不应该以贫富去判断他人，即使作为成人，也不要戴着有色眼镜看人。从人格的角度而言，人人平等，如果一味地攀比，就会在不知不觉中有所亲近和疏远，对于改善人际关系当然是没有任何好处的。在家庭生活中，父母也应该给孩子做出好榜样，不要在孩子面前与他人攀比，更不要一味地讲究物质生活上的享受。引导孩子更多地关注精神生活，在学习上与同学你追我赶，比让孩子贪图享受、爱慕虚荣更好。

作为男孩，更要让自己的心胸变得开阔，意识到同学家中不管是贫穷还是富有，都不应该被作为交往的条件之一进行参考。真正的男子汉，不会因为同学家中贫穷，就笑话或者疏远同学，也不会因为同学家中富裕，就嫉妒同学。家庭环境是孩子们无法改变的，也是很多因素综合作用导致的。作为同学和朋友，男孩应该更关注交往对象的品质和性格，从而找到志同道合的好朋友，也与朋友之间相互激励，成为彼此最好的陪伴。

被出卖了，怎么办

这天放学，凯威怒气冲冲地回到家里，一边往卧室冲去，一边喊道："气死我了，气死我了。这个可恶的马波居然出卖我，我一定要整死他，让他尝到我的厉害。"对于凯威的极端愤怒，正在厨房做饭的爸爸还没有反应过来呢，凯威就一溜烟冲到卧室重重地关上了门，爸爸并没有跟过去查看情况，而是决定继续做饭，也给凯威一定的时间消化冲动的情绪。

大概过了半个小时，爸爸做好饭，妈妈也回家了，因而爸爸假装若无其事地喊凯威吃饭。凯威黑着脸从卧室里走出来，吃饭全程都闷闷不乐。妈妈不明就里，爸爸暗示妈妈不要询问，全家人就这样默默地吃晚饭。晚饭之后，凯威洗了个热水澡，看起来心情变得好些了，爸爸装作漫不经心地走入凯威卧室，轻描淡写地问："你回家的时候口中念念有词什么呢？"凯威郁闷地回答："我被马波出卖了，我一直都把他当成是最好的朋友，他却这样对我……"在凯威的沉默中，爸爸没有教育凯威，而是理解地说："我知道你的感受，因为我在像你这么大的时候，也曾经被朋友出卖过。我知道，越是亲密的朋友，对你的伤害就越大。"得到爸爸的理解，凯威有些惊讶，问道："你也被朋友出卖过？你是什么事情被出卖？"爸爸笑着说："其实这么多年我已经忘记是什么事情了，但是有一点可以确定，就是现在想来那件事情肯定是无关紧要的，但是在当时我却觉得特别重要，也因而发誓与朋友断绝关系。"听到爸爸这么说，凯威情不自禁地笑起来，不禁因为自己放学时的冲动而难为情。

凯威问爸爸："当时，你那么生气，是怎么做的呢？"爸爸认真想了想，回答："我当时整整三天都没有理睬那个朋友，不过我也没有做出过激的举动。三天之后，我突然觉得事情没那么重要了，因为我也没有不可告人的秘密。不过在朋友向我道歉时，我还是郑重其事地告诉他以后对于我不想被别人知道的事情，他一定不能说出去。朋友答应了，我们就又成为好朋友，他的确没有再犯过类似的错误。"听到这样的结果，凯威陷入沉思，良久才说："的确，真的没什么不可告人的。不过，我不想这么快原谅马波。"爸爸尊重地说："当然，你可以自己选择何时原谅马波，或者永远也不原谅他，这是你的权利。"才过了两天，凯威放学的时候告诉爸爸："爸爸，我和马波和好了，他保证再也不把我的秘密说出去，并且承认我的秘密只能由我自己告诉别人。"爸爸笑起来："这就对了，这是你们俩从这件事情中共同的收获。"

爸爸说得很对，很多男孩都觉得自己的秘密是绝对不能说出去的，也出于莫大的信任，所以把秘密告诉了好朋友。在这种情况下，一旦被好朋友出卖，最让男孩受伤的不是秘密被泄露，而是信任被辜负。所以冲动的他们在发现自己的秘密满天飞的时候，一定会感到非常气愤，觉得必须惩罚那个泄露秘密的人。然而等到时过境迁，他们最终会发现所谓的秘密其实也不是什么不可告人的惊天秘密，只是自己的一些小情怀或者是很快就会经历过去的事情而已。正如人们所说的，时间是最好的良药，因而只要男孩不在愤怒的当时做出冲动的举动，这样的伤害迟早会成为过去时，也会成为男孩想起来甚至觉得好笑的经历。

作为男孩，当发现自己的信任被辜负，秘密也被更多人知道时，千万不要冲动，而要理性控制好自己的情绪，从而才能避免在最激动的情况下做出过激的举动。所谓冲动是魔鬼，对于缺乏自制力的男孩而言，一旦因为冲动做出过激的举动，等待着他们的必然是难以挽回的局面和深刻的懊悔。与其让事情恶化，不如采取理智的态度对待。

与此同时，男孩也要区分什么才是被出卖。在年少不更事的年纪，很多男孩都把朋友不能遵守承诺当成是出卖。实际上，出卖是个很严肃的动词，要用在情节恶劣的事情上。通常，男孩与朋友之间相处的小小摩擦，并不能算作是出卖。有的时候，朋友也会因为无意做出伤害男孩的事情，如果没有构成严重的后果，男孩就要学会宽容。人非圣贤，孰能无过呢，如果仅仅因为朋友犯了错误，就对朋友横眉冷对，那么一定会招致朋友的抱怨，也会让自己远离友谊。

勇敢的男孩才敢于说出秘密

就在凯威和马波"恢复邦交"没多久，马波因为考试成绩不好，被爸爸妈妈狠狠地批评，居然一气之下离家出走了。马波的爸爸妈妈都快急疯了，然而派出所对于失踪人口，不到二十四小时是不允许立案的，因此只好发动所有的亲戚朋友寻找，也马上联系了老师。老师立刻联系平日里与马波相处比较好的几个同学，四处打听马波的下落，当然，也问了与马波关系最好的凯威。

得知马波离家出走，凯威的爸爸妈妈也很紧张，因为凯威与马波平日里关系比较好，爸爸妈妈很担心凯威也会受到马波的影响，有朝一日选择离家出走。因而，在确定凯威不知道马波的下落后，爸爸妈妈第一时间对凯威进行教育，想要扼杀凯威有可能受到马波影响也萌生出的离家出走念头。爸爸主要负责对凯威展开教育，并且为凯威列举了很多离家出走之后可能遇到的危险。不曾想，凯威听着听着突然表情凝重起来，担忧地说："马波不会遇到危险，想回家却回不了了吧？"爸爸听出凯威话中的端倪，赶紧追问："你难道知道马波的下落吗？"凯威意识到自己说错了话，马上闭嘴，闷不吭声。爸爸趁热打铁，追问凯威："凯威，你既然作为马波的好朋友，就不能看着马波身处险境，也不能看着马波做错了事情却没有机会挽回。如果马波再也回不到家里，你却知情不报，想想吧，你会为此后悔一辈子。"凯威担心地说："但是我刚刚因为马波出卖了我而生气，我这也算是出卖马波吧！"爸爸不免觉得又好气又好笑，说："你这个孩子怎么是榆木疙瘩脑袋呢，这件事情和马波之前出卖你可不能相提并论。马波顶多说出了你的秘密，但是如果你执迷不悟，马波很可能遭遇危险，再也回不到爸爸妈妈身边，甚至有可能有性命之忧。"看到爸爸把事情说得这么严重，凯威更担心了，如同热锅上的蚂蚁一样坐立不安，却一时之间无法下定决心说出真相。爸爸催促凯威："你晚说一分钟，凯威就距离危险更近一分，当你拯救了马波，马波还会抱怨你吗？况且，马波为何把自己藏身在哪里告诉你呢？就是想在自己无法救援的时候，至少有一个人掌握了他的线索。"凯威觉得爸爸说的话很有道理，当机立断说出了凯威藏身的网吧。爸爸当即把消息告诉老师和马波的父母，果不其然，他们顺利找到了马波，而此时的马波已是饥肠辘辘，正想家呢！

　　凯威前几天刚刚因为马波泄露了他的秘密而与马波闹别扭，所以他在得知马波的藏身之所并且被马波叮嘱不能告诉任何人之后，是想要严守秘密不出卖马波的。因而面临父母和老师的第一轮询问，凯威丝毫没有动摇。幸好爸爸妈妈及时针对马波的离家出走事件对凯威展开危机干预，使得凯威意识到马波很有可能在离家出走的时候遭遇危险，导致再也无法回到家里，因而产生动摇。最终，在爸爸的晓之以理和危机意识的灌输下，凯威变得勇敢起来，冒着被马波责怪的风险，说出了马波的秘密。不得不说，凯威是个勇敢的孩子，他宁愿被马波抱怨，也不愿意马波遭遇风险，因而才会勇敢地承担起责任，争分夺秒说出马波的秘密。

　　对于好朋友的秘密，很多男孩出于朋友义气，总是不愿意承担起责任，更不想说出朋友的秘密。殊不知，保守朋友的秘密是需要区分情况的。对于普通的秘密，男孩一定不能辜负朋友的信任，为朋友保守秘密，守口如瓶，但是当这个秘密关系到朋友的人身安全时，男孩一定要理性思考，做出正确的选择，而不要耽误帮助朋友的最佳时机。为了帮助朋友而泄露朋友的秘密，这不是出卖朋友的行为，而是勇敢的男孩在以自己的方式帮助朋友。很多青春期男孩因为冲动与父母发生冲突，导致做出离家出走的荒唐举动，作为知道朋友动向的男孩，一定要在第一时间劝说好朋友打消危险的想法，当实在无力阻止朋友的时候，也要及时把真实情况告诉老师和父母，从而有效帮助朋友，保证朋友的人身安全。这才是对朋友负责任的态度，也才是真正的友谊。

坚强的心，让男孩坦然面对嘲笑

去年，凯威的腿部在运动过程中受伤，导致严重骨折，因而凯威不得不休学一年静心修养，在腿部骨折的初期卧床半年都不能下床。因为缺乏运动量，导致凯威在短短一年的时间里胖了二十多斤，原本强壮匀称的他成为了不折不扣的小胖子，这让凯威非常苦恼。

刚刚来学校恢复上课的时候，同学们对凯威都非常友好，也没有人嘲笑凯威，因为同学们都知道凯威受伤了。然而，自从在体育课上凯威跑了倒数第一，有些同学就开始嘲笑凯威，这让凯威难以接受，甚至开始排斥上体育课。一天，体育课结束后，有同学跟在凯威身后喊道："小胖子，要加油了哦！"凯威感到很郁闷，回到家里对爸爸说："爸爸，我的腿还没有完全恢复，能不能和老师申请，让我不要上体育课了呢！"爸爸很纳闷："上次做检查的时候，医生看了骨折的片子，说你已经完全愈合了呀。而且医生还说因为废用，你受伤的腿有些骨质疏松。所以我觉得你还是要上体育课，加强锻炼呢！"凯威的眼泪流下来，爸爸看出凯威另有隐情，赶紧追问。凯威委屈地说："同学们都嘲笑我是小胖子，我不想再上体育课了。"爸爸恍然大悟，问："你是不是跑步很慢？"凯威点点头，爸爸继续说："那没有关系啊。你只要多多锻炼就好，现在跑步慢是因为缺乏锻炼，我记得你在骨折之前跑步在班级里算快的呢！"凯威很郁闷："是的，但是现在倒数第一。我不想被同学嘲笑。"爸爸抚摸着凯威的头，轻声说："是爸爸忽略了，只关注给你补文化课，忘记体育课会下滑得更严重。这样吧，以后每天下班之后，爸爸都陪着你去锻炼，运动减肥，也增强体能。你不但很快会恢复匀称的身材，也会在体育课上进步迅速，得到大家的刮目相看，好不好？"看着凯威犹豫的样子，爸爸继续说："同学们愿意嘲笑就嘲笑吧，只要你放在心上，坚持锻炼，事实会让他们闭上嘴巴的。"凯威这才如释重负地笑起来。

在成长的过程中，男孩不可能始终一帆风顺，而很有可能遭遇各种挫折。尤其是男孩往往比较喜欢运动，也生性活泼好动，所以更有可能遭遇意外的伤害。曾经有男孩说，如果一个男人在成长的过程中没有骨折过，就是人生的遗憾。尽管这样的说法有失偏颇，但是的确从某种意义上说明了很多男孩都会在成长中遭受意外伤害。伴随着意外伤害，男孩因为受到嘲笑，会导致内心产生波动。实际上，真正勇敢的男孩不仅能够承受身体上的病痛，也能够承受心灵上的打击，并且傲然屹立，绝不因此而动摇。

事例中的凯威在爸爸的鼓励下，意识到嘲笑自己是其他同学的权利，而如何面对嘲笑、保持内心的平静和积极向上，则是自己的选择。为此，他决定在爸爸的陪伴下积极地锻炼身体，让自己恢复身体的健康，也变得更加强壮，再次成为体育课上的黑马，得到同学的认可与肯定。当然，得到同学的正面评价只是作为次要的目的，凯威真正的目的是让自己尽快恢复身体健康，也在体育课上取得好成绩。每个人都应该更在乎和重视自己的感受，而不要因为他人的随意评价就改变自己的心境，迷失自己的本心。男孩面对同样不成熟的同学和冲动的自己时更要控制好心情，努力坚定做好自己该做的事情，实现自己的心愿，让自己变得更健康和强壮。

真正的英雄，首先要保护好自己

随着年纪的不断增长，凯威越来越觉得自己像一个真正的男子汉了。他不但觉得自己像男子汉，而且认为自己就是男子汉。所以不管是在家里和小妹妹相处，还是在学校里和同学相处，身强马大的凯威都把自己视为除了老师和父母之外的第二家长，处处摆出一副大哥大的样子。

有一次，学校里组织春游，凯威和几个同学一起结伴而行，来到了小河边。他们发现河里有鱼，因而情不自禁靠近河边，想要一探究竟。还有个同学不自量力地想抓鱼，结果脚下一滑，掉到了河里。距离那个同学最近的凯威马上冲上去，想要抓住同学的手，没想到自己的力量根本不够，虽然抓住了同学的手，却也因为脚下打滑，而掉入河中。其他同学还算理智，赶紧大声呼救，很快，闻讯赶来的老师和其他游客一起合力，把凯威和那位同学救了上来。惊魂未定的凯威对老师说："我原本以为自己能把同学拉上来，没想到自己反而被拉下去了。"老师也很后怕，一本正经地告诉凯威："下次再遇到这样的情况，一定要第一时间呼救，而不要不自量力施救。幸好你们身边还有其他同学，否则你们俩都掉入河里，根本没有时间呼救，谁还能及时赶来救你们呢？而且，在水中救人是很危险的，别说不会游泳的人，就算会游泳的人，也有可能失败，所以在落水救援中，都需要专业人员进行。这是因为落水的人求生意志很强，一旦抓住任何东西都会死死抓住，所以不会救援的人反而会被落水的人限制住，被拉入水中，反而导致危险发生。"听了老师的一通教育，凯威意识到危险，感到非常后悔。他懊丧地说："我不但没有救了同学，反而差点害了同学啊！"老师继续叮嘱："是啊，以后一定要注意了。要想当英雄，先要自保自救，才有机会救得了他人，知道吗？"凯威连忙点着头。

真正的英雄，是能够保证自身安全的人，因为唯有在保证自身安全的情况下，他们才能理性地救助他人。否则如果把自己都赔进去了，还有什么能力救助他人呢？青春期男孩正处于英雄主义情结很浓重的时候，又因为身体的飞速发展，所以他们发现自己在短时间之内就变得高大强壮起来，因而未免自我膨胀，遇到危机的情况时也就会显得自不量力。人，最重要的是有自知之明，尤其是对于男孩而言，更要客观认识自己，不要盲目高估自己。唯有如此，才能时刻保持清醒和理智，既能够保全自己，也能以恰到好处、卓有成效的方式救助他人。

近些年来，经常发生青春期男孩为了救人而失去性命的事情，男孩乐于帮助他人、勇敢无畏的精神固然是值得提倡和赞许的，但是在对男孩进行教育的时候，一定要尤其重视生命安全教育，告诉男孩任何情况下都要把生命安全放在第一位，把自身的安全保障放在第一位，才能教会男孩正确的救助方式，也让男孩遇到危急情况时保持冷静和理性，绝不因为冲动而把自己和他人同时置于极其危险的环境之中。

记住，拥有安全意识，时刻牢记保护自己为第一，在自保的情况下拼尽全力、机智救助他人，才是真正的英雄。

第 05 章

男孩要做快乐的自己，别被坏心情绑架

　　男孩的成长不但需要充足的营养，还需要快乐的心情，这样才能始终保持积极乐观向上，也避免因为郁郁寡欢的坏心情而导致成长中烦恼重重。所以男孩要做快乐的自己，更要学会调整心情，驱散坏情绪，让自己快乐健康地成长。

男孩的心眼比针尖还小怎么办

瑞瑞很喜欢看书，也喜欢以书会友，所以他把自己喜欢看的图书背到学校里，和同学们分享。然而，瑞瑞也特别爱惜书，尤其讨厌别人把他的书弄坏。这不，自从小伟不小心把瑞瑞最喜欢的一本漫画书撕坏了，瑞瑞就再也不愿意借书给小伟看，并且还整日盯着小伟要赔偿。尽管小伟已经向瑞瑞道歉了，并且解释自己不是故意把书弄坏的，但是瑞瑞依旧不依不饶。一天午休时，瑞瑞和往常一样把书借给很多同学看，唯独不愿意给小伟看，小伟不由得着急起来，居然上去抢瑞瑞的书，非要看一本。为此，瑞瑞和小伟厮打起来，就这样，一件好事情变成坏事情，最终惊动了老师。老师先批评了小伟，让小伟不要抢同学的书。小伟很委屈："为什么瑞瑞把书借给每一个同学看，就是不给我看呢！我上次不小心把瑞瑞的书弄坏，已经道歉了，而且我还把自己的一支钢笔赔给了瑞瑞。"老师听到居然有这事，因而又安抚了一下小伟："不管怎么说，书都是瑞瑞的，他有权利决定借给谁或者不借给谁，你不能硬抢，知道吗？"小伟委屈地点点头，回教室了。

小伟走后，老师又和瑞瑞核实情况。得知瑞瑞因为小伟不小心弄坏了书，就再也不愿意借书给小伟了，老师忍不住批评瑞瑞："瑞瑞，对待同学要宽容啊，毕竟小伟不是故意弄坏你的书。按照老师的想法，对于同学无意间犯下的错误，你也不应该要求赔偿。不过，这是你的权利，而且小伟用赔偿给你一支钢笔，我觉得这件事情就可以过去了。小伟都已经按照你的要求道歉和赔偿了，你为何还不愿意原谅小伟呢？"

瑞瑞郁闷地说："那本书是我最喜欢的，即使小伟道歉和赔偿，书也不能复原了。"老师笑了："如果小伟也这么想，那么他就不会道歉和赔偿了。小伟至少用道歉和赔偿表明了自己的态度，也说明他是很珍惜你这个朋友的。你就宽容大度一些，原谅他，好不好？没有人能保证自己不犯错，犯错之后勇于改正，就是好孩子啊！你宽容对待小伟，未来如果你不小心犯错，小伟也会宽容对待你，好吗？"在老师的耐心劝说下，瑞瑞终于想明白了这个道理。不过，再次借书给小伟时，他千叮咛万嘱咐，小伟也保证一定会非常爱惜书的。

瑞瑞爱惜书这是有目共睹的，不过哪怕是心爱的书遭到损坏，而小伟不但已经道歉，而且赔偿了一支钢笔给瑞瑞，瑞瑞也应该能够原谅小伟，并且继续借书给小伟看。但是，在小伟按照瑞瑞的要求做完这一切之后，瑞瑞却依然无法打开心结，更不能像以前一样借给小伟看，这让小伟很郁闷，心中也愤愤不平，所以才会发生后来小伟抢书的事件。朋友之间，哪怕是最心爱的东西，面对朋友的无心伤害，男孩也应该放宽心胸，主动原谅朋友，而不是对朋友表现出小肚鸡肠。

在成长的过程中，男孩受到的委屈和伤害是很小的，因为他们生存的环境主要是家庭和学校。一旦真正长大，男孩还要走上社会，面临更多复杂的情况，也有可能遭受误解，在这种情况下，如果男孩不能有博大的心怀，必然经常感到郁郁寡欢。所以在成长过程中，男孩就要更加有意识地培养自己的气度，让自己养成心胸开阔、绝不斤斤计较的好习惯，这不但有利于男孩的成长，也能让男孩始终保持好心情，让男孩一生都受益匪浅。

远离嫉妒，让人生与快乐相随

在以往的每次考试中，瑞瑞与小伟的成绩都不相上下，他们俩不是你第一就是我第一，几乎包揽了班级的第一第二。也因为瑞瑞和小伟都是品学兼优的好学生，所以就连老师都把他们当成手心里的宝，对他们爱都爱不过来。

然而，升入五年级之后，瑞瑞的成绩明显有所提升，而小伟却在原地踏步，为此瑞瑞接连几次都名列第一，而小伟只能屈居第二。有一次公布考试成绩时，老师开玩笑地对小伟说："小伟啊，你可是和瑞瑞有些势不均力不敌，甚至有降低为不是瑞瑞对手的趋势啊，必须加油了！"原本，小伟对于瑞瑞总是考第一并没有异样的感觉，而老师之所以这么说，是为了让小伟在学习上与瑞瑞你追我赶。然而，出人意料的是，小伟完全把老师的话理解偏颇了，甚至因此而开始嫉妒瑞瑞。在瑞瑞又一次考了全班第一之后，小伟更加对瑞瑞怒目以视，原本和瑞瑞是好朋友的他，渐渐地疏远了瑞瑞。

一天体育课，小伟因为肚子疼留在教室里，没有去上课。看着自己数学试卷上鲜红的99分，再想想瑞瑞的试卷上却写着大大的100分，小伟鬼使神差地把瑞瑞的试卷揉得皱皱巴巴的，扔进了垃圾桶里。瑞瑞回来之后，怎么也找不到试卷，不由得着急地哭起来。因为老师要求每位同学把试卷带回家签字呢，而且瑞瑞也想把100分展示给爸爸妈妈看。小伟忘记了教室里是有监控器的，在确定瑞瑞的确把试卷收好之后，老师调看了监控录像，发现原来是小伟的妒忌心作祟，导致他把瑞瑞的试卷扔掉了。老师对此没有声张，而是找到小伟询问情况。小伟发现老师知道真相，感到非常紧张，再三请求老师不要把事情告诉爸爸妈妈。老师语重心长地对小伟说："小伟，老师原谅你是因为嫉妒做出冲动之举。不过，你要记住，你应该把嫉妒转化为动力，才能真正赶上瑞瑞，甚至超过瑞瑞。否则以后你还会遇到很多比你更优秀的人，难道就以不断地犯错作为解决的办法吗？真正的强者是让别人嫉妒自己，而不是做出糊涂事。"小伟懊悔地说："其实，我也很害怕，很后悔。"老师笑了："小伟，你听说过一句话吗？嫉妒是人心中的毒瘤，不但让人失去内心平衡，也让人因为嫉妒而做出错事，追悔莫及。所以你一定要控制好自己的情绪啊，要采取正面的方法积极地参与竞争。"小伟点点头，担忧地问："老师，你真的不会把这件事情告诉爸爸妈妈吗？"老师点点头，说："只要你保证以后不再犯同样的错误，老师不会告诉任何人的。"

嫉妒心强的人面对比自己强的人，不会从正面积极应战，想方设法赶超他人，反而在嫉妒的作用下做出冲动的举动，甚至采取违反法律和规定的方式，做出伤害他人的事情。如果说嫉妒已经扰乱了人的心绪，那么冲动的举动则更使人陷入懊丧和恐惧之中。就像事例中的小伟，在做坏事之前已经思来想去、犹豫不定了，在做坏事被发现之后，又始终担心老师把他做的事情告诉爸爸妈妈，可谓吃足了苦头。

明智的男孩不会以恶意的行为消除心中的嫉妒，相反，他们知道金无足赤、人无完人的道理，也很清楚自己必须非常努力，才能赶上和超过那些比自己强的人。所以他们没有时间嫉妒，而是把所有的时间和精力都用于提升自己。即使对于那些自己不管怎么努力都无法赶超的人，他们也会真心地认可和钦佩。尤其是当在竞争中遭遇挫折和失败时，他们不会因此而彻底否定自己，更不会刻意逃避。他们懂得扬长避短和取长补短的道理，也很清楚人生的道路上有太多的挑战，也有太多的阻碍。而他们要做的就是调整好心态，积极乐观，勇往直前。

为了让自己彻底摆脱嫉妒的情绪，他们会改变心态，不会盲目自卑。很多男孩因为觉得自己在很多方面不如他人，就会陷入自卑之中。殊不知，尺有所短，寸有所长，每个人都有自己的优势和长处，也有自己的弊端和短处。一个人既不要以自己的优点与他人的缺点比较，盲目自大，也不要以自己的缺点与他人的优点比较，盲目自卑。只有客观公正地认知和评价自己，给予自己最中肯的建议，才能怀着平常心对待一切，也才能在人生的道路上始终从容淡然，昂首向前。

及时消除不良情绪，找回快乐心境

不知道从何时起，瑞瑞变得越来越多愁善感了。曾经无忧无虑的他，如今有太多的担忧，为此而变得郁郁寡欢。有的时候，瑞瑞还会杞人忧天，为那些还没有发生的事情而焦虑，导致自己整天愁眉紧锁。看着不开心的瑞瑞，妈妈很担心，因而决定用事实告诉瑞瑞，好心情是自己找回来的。

有一个周末，趁着瑞瑞在家，妈妈拿出三张白纸，给自己和爸爸各自一张，给瑞瑞一张。妈妈对全家人说："今天，我们每个人都要参与实验，那就是在白纸上写下自己近来担忧的事情，然后交给我。"瑞瑞显然兴致不高，反问妈妈："难道把担忧的事情写下来，就能避免事情发生，变得快乐吗？"妈妈不愿意解释，故作玄虚地说："答案会在未来揭晓，不过现在我们每个人的任务就是按照要求去做。"就这样，爸爸妈妈和瑞瑞都在白纸上写下了自己的担忧，并且署名。妈妈连看也不看就把三张写满忧虑的白纸收起来，说："好了，半个月之后，咱们一起来揭晓答案。"

半个月里，瑞瑞始终都在关心着答案，但是妈妈口风很紧，从未透露过答案。半个月过去，又是一个周末，妈妈把全家人集合起来，把写满忧愁的白纸按照名字分发下去。然后妈妈说："现在，我们各自都来看看自己的忧愁，看看哪些忧愁真的发生了，哪些没有发生。"爸爸第一个惊呼起来："我的忧愁全都化为泡影了，没有一项变成现实。"瑞瑞仔细看了白纸，说："我有八条忧愁；只有一条实现了。"妈妈也看了自己的那张纸，说："我的忧愁也没有发生。"瑞瑞疑惑地问妈妈："这说明什么呢？"妈妈郑重其事地说："曾经有心理学家针对很多实验对象进行过这项实验，就是让实验对象把忧愁都写下来，等到一段时间之后再来看，结果和我们的结果一致，那就是事实证明很多忧愁都没有发生。这说明，我们担忧的事情根本毫无意义，因为它们大多数不会发生。"瑞瑞笑起来，说："但是也有一条忧愁的确真的发生了呀！"妈妈也笑了："从这个角度而言，恰恰证明忧愁更是毫无意义的，因为担忧也不能阻止该发生的事情发生。"爸爸恍然大悟："既然如此，我们还忧愁什么呢？岂不是自寻烦恼！"妈妈对着爸爸竖起大拇指，说："这位同学回答正确，我们这次实验的主旨就是大多数忧愁都不会发生，而该发生的事情还是会发生，所以忧愁毫无意义。那么，大家能做到放下所有的忧愁，开心快乐地生活吗？"瑞瑞这才理解了妈妈的用意，妈妈继续对瑞瑞说："尤其是瑞瑞小同学，不能少年不识愁滋味，为赋新词强说愁啊！以后，每天都开开心心，快快乐乐，好吗？"瑞瑞点点头，情不自禁地笑起来。

青春期男孩正处于身心快速发展的阶段，大量分泌的荷尔蒙也会对他们的心态和情绪产生影响，因而更容易陷入无端的忧愁之中，也很容易因为一些未必真的会发生的事情变得非常担忧。妈妈的心理学测验很好，以真实的结果告诉家里的每个人，大多数忧愁都不会变成现实，而对于一定会发生的事情，即使忧愁也不能阻止发生，从而让每个人都深刻意识到忧愁是毫无意义的，与其浪费宝贵的时间去忧愁，还不如尽情地享受快乐的生活，而等到事情发生的时候再兵来将挡，水来土掩呢！

人生不可能永远一帆风顺，所谓万事如意只是人们对于人生的渴盼和祝福而已。当认识到人生就是一个坎接着一个坎，失意不断，人们就能放开心态，不再纠结于人生的不如意。尤其是青春期男孩，正处于发展的关键时期，更不要让负面情绪影响自己的心情，使得自己陷入忧愁的旋涡之中无法自拔。记住，真正的人生强者并非得到了命运的青睐和善待，从未有担忧的事情发生，而是在面对很多境遇时都能怀着坚强的心，以乐观的态度面对，在与人生的不断博弈之中成长。

很多男孩都曾经听说过杞人忧天的故事，也知道过度的忧虑和未雨绸缪，从本质上而言就是杞人忧天，非但不会对避免问题的发生和解决问题起到积极的作用，反而会导致事与愿违，也会导致人生陷入困境。实际上，生活并没有我们想象的那么糟糕，很多忧虑都是被我们焦灼不安的心无形中放大的。与其担忧那些未必会发生的事情，让人生阴云密布，不如活在当下，把握当下，用每一个精彩充实的今天为人生着色！

面对社交，害羞的男孩伤不起

瑞瑞原本是个活泼开朗的孩子，也很擅长与同学们相处，在生活中不得不面对陌生人时，尽管不能做到落落大方，却也不会害羞得抬不起头来。然而，最近这段时间以来，妈妈发现瑞瑞突然变得害羞了，每次妈妈要带着瑞瑞去亲戚朋友家里，瑞瑞总是拒绝，既不愿意和妈妈一起去，也不想面对那些陌生人。尤其是当面对同龄的女孩时，瑞瑞更是害羞得满脸通红，恨不得马上逃离。瑞瑞这是怎么了？为何男孩子到了青春期，性格会有这么大的改变呢？妈妈想不明白这个问题。

升入初中没多久，老师也向妈妈反映瑞瑞在课堂上沉默寡言，几乎从来不举手发言。听讲的时候，似乎是害怕老师注意到自己，瑞瑞也总是低垂着头，不敢看老师的眼睛。课间的时候，偶尔遇到老师，瑞瑞马上就会逃之夭夭，对老师连问好也没有。得到老师的反馈，原本以为瑞瑞只是长大了，性格改变了的妈妈，这才意识到问题的严重性。如果瑞瑞害羞到影响正常的学习了，那当然是不可以的。妈妈决定带着瑞瑞去看看心理医生，找到瑞瑞害羞的根本原因。

趁着周末，妈妈带着瑞瑞去拜访了心理医生。在心理医生的开导下，瑞瑞侃侃而谈，丝毫不掩饰自己内心的想法。原来，瑞瑞只是因为青春期内心比较敏感，担心自己做错事情而遭到批评和否定，更在乎他人的看法和评价，所以才选择封闭自己。心理医生建议妈妈尽量为瑞瑞营造和谐的交往氛围，也多多鼓励瑞瑞，从而渐渐帮助瑞瑞走出害羞的困境。

很多人都会感到害羞，所谓害羞，其实还有一层隐含的意思，那就是胆怯。大多数害羞者之所以害羞，都是内心胆怯导致的。例如事例中的瑞瑞由于进入青春期后过分在意他人对自己的评价，所以总是担心自己说错话或者做错事情，因而导致越来越自闭，根本不敢在公开场合表现自己。害羞的男孩都有几种典型的表现，那就是心跳加速，面红耳赤，因为紧张导致思维混乱，说起话来也颠三倒四的。在很多场合下，他们还会选择逃避，从而避免自己出丑。由于大多数青春期男孩情窦初开，对于异性开始萌生出不同的感觉，所以相当一部分青春期男孩面对异性的时候也会表现出更加羞怯的样子。

实际上，害羞并不罕见，至少有80%的成年人在回忆起自己的成长经历时，都承认自己曾经有过害羞的表现，而只有大概5%的成年人认为自己从来不害羞。既然害羞是男孩成长过程中不可避免的现象，那么就不要因为羞怯而给自己的成长带来太多的困惑。男孩应该有意识地战胜害羞的情况，例如有意识地拓宽自己的人际交往范围，突破内心的极限在公开场合发表言论，或者是理性告诉自己把同龄的异性当成普通朋友对待，这对于缓解男孩的害羞情况都是有很大好处的。如果内心的恐惧依然存在，还有一种非常极端的方式，那就是当着所有人的面承认自己很担心，当捅破了害羞的这层窗户纸，男孩一定会感到非常轻松，也会因此而更能够落落大方地对待他人。实际上，害羞只是成长过程中不自信的表现，当男孩积极自信面对害羞的问题，就能更快地渡过困境。而如果男孩始终沉浸在害羞的情绪之中无法自拔，任由害羞主宰自己，那么就会导致害羞的情况更加严重。归根结底，每个人都要走出困境，融入社会，尤其是在成长之后，男孩需要面对更多的陌生人和陌生的环境，所以积极地帮助自己战胜害羞的情绪，是至关重要的，也是成长的必经阶段。

不虚荣，才能淡定从容做自己

在心理医生的引导下，在妈妈的帮助下，瑞瑞渐渐摆脱了害羞的负面情绪，越来越大方，也更加自信。从刚刚升入初一时不愿意在任何人面前表现，到了初二，瑞瑞就变回了那个自信勇敢的小男孩，对于班级里的一切活动都踊跃参加，从来不退缩。

最近这段时间，班级里要选出两名代表参加学校的奥数比赛，一直以来认为自己比较擅长奥数的瑞瑞也报名参加了。在经过几次选拔之后，瑞瑞却落选了，而他的好朋友小伟入选，得以代表班级参加比赛。对此，瑞瑞心中很不服气，暗暗想道："小伟的学习成绩还没有我好呢，凭什么他能参加比赛，我却不能呢？"回到家里，妈妈看到瑞瑞闷闷不乐的样子，以为瑞瑞又在自寻烦恼，因而提醒瑞瑞："瑞瑞小同学，不要为不必要的事情忧虑啊！"听到妈妈的话，瑞瑞突然发起脾气，冲着妈妈喊道："你懂什么啊，这么自以为是！"妈妈不明就里，当时很生气，后来想起瑞瑞话中有话，因而又追问瑞瑞原因。瑞瑞委屈地说："小伟都能代表班级参加比赛，我却不能，我觉得自己太丢人了！"妈妈问："有几个同学代表参加参赛呢？"瑞瑞回答："两个。"妈妈释然，说："我还以为全班同学都参加，只丢下你呢！只有两个同学参加，你不在其中，这很正常啊！"瑞瑞不以为然："你根本就不懂，小伟的学习成绩根本不如我，我理所应当处处都比小伟优先啊！"妈妈安慰瑞瑞："瑞瑞，你这种想法是错的。虽然你在学习方面比小伟占据优势，但是并不意味着小伟任何方面都不如你啊。每个人都有自己的优点，也有自己的缺点，一个人不可能在所有方面都比他人好的。况且，你也没有什么丢人的，因为你已经非常优秀了。"瑞瑞看着妈妈："我真的很优秀吗？"妈妈毫不犹豫地点点头，说："当然，爸爸妈妈都以你为骄傲呢！不过你也要知道，你的优秀不是为了与任何人比较，而是为了自己，知道吗？"瑞瑞点点头，心中觉得舒服多了。

孩子们在一起也很容易陷入攀比的状态，这其实都是孩子的虚荣心在作怪。对于奋斗的意义，并非每个孩子都能深刻理解，相反，有相当一部分孩子都觉得自己之所以努力，是为了比其他人更优秀，是为了超过其他人，成为其他人羡慕的对象，也是为了得到老师和父母的认可与赞赏。其实，这些都是肤浅的理由，每个人最应该做的就是对自己负责，所以不要觉得自己的奋斗是为了别人，因为一切付出所得到的收获，最终都会回馈到自己身上。

青春期男孩尤其容易争强好胜，是因为他们自我意识越来越强，也更加融入集体。在集体生活中，他们的集体观念正在渐渐养成，与此同时也会因为虚荣心作怪，而情不自禁地把自己与其他孩子进行比较。其实，积极的比较会让孩子们更加努力，争取进步，而如果孩子的心态不够好，就会在比较之中失去心理平衡，也导致自己陷入误区。

每个人在人生之中都会遭遇失败，真正的常胜将军是不存在的。很多时候，我们羡慕他人的成功，却不知道他人在成功背后付出了多少，又坚持了多久。男孩一定要端正心态对待成长中遭遇的失败，只有正视他人的成功，不逃避自己的失败，男孩才能更加积极主动地前行，也才能活出真实从容的自己。

坏脾气来袭，好男孩如何应对

自从上了初三，原本好脾气的瑞瑞就像变了一个人，总是动辄就生气，还会因为火冒三丈、怒火中烧，而做出很多让自己后悔的事情。例如上个周末，因为姑姑家的表弟来家里玩耍的时候不小心弄坏了瑞瑞的一本书，瑞瑞就马上大发脾气，还让表弟马上离开他的房间。看到瑞瑞歇斯底里的样子，姑姑也觉得很尴尬，连午饭都没吃，当即带着表弟离开了。为此，爸爸妈妈狠狠地批评了瑞瑞。事后，瑞瑞想起一直以来姑姑都很疼爱自己，也感到非常懊悔，虽然给姑姑和表弟道歉了，但是后来姑姑和表弟很少再来家中做客了。

还有一次，正逢周日，因为瑞瑞看电视时间比较迟了，妈妈就催促瑞瑞早点洗漱睡觉，因为周一需要早起。没想到瑞瑞当即发起脾气，还故意看电视到晚上十点半才洗漱睡觉，导致周一早晨起床非常痛苦，险些迟到。面对如今和刺猬一样的瑞瑞，妈妈也很无奈，不知道曾经乖巧懂事的儿子哪里去了，如今只有这个脾气满天飞的刺头在他们身边。渐渐地，爸爸妈妈都有些害怕和瑞瑞交流了，而在学校里，瑞瑞也是个炮仗脾气，导致被同学们疏离，因而瑞瑞越来越陷入孤独之中，很快就变成了独行侠。

青春期男孩正处于身心快速发展的阶段，再加上荷尔蒙的大量分泌，因而他们总是情绪反复无常，这也是正常的。但是，青春期男孩不能任由自己的坏脾气继续肆意横行，而是要理性认知自己的脾气，要以积极的态度控制脾气，这样才能有效缓解坏脾气的发作，也不至于让自己变成孤家寡人。

此外，青春期男孩的心理状态还不成熟，对于很多事情都不能做出理性的抉择，因而也时常处于左右为难之中。然而，这一切并不会无限期地延长下去，随着男孩不断成长，人生经验也越来越丰富，最终男孩会成为情绪的主人，主宰情绪，合理控制自己的坏脾气。那么，青春期男孩在脾气暴躁阶段，如何才能控制自己的坏脾气，尽量保持友好理性地对待身边的人，也圆满地处理各种成长过程中的难题呢？

首先，适度的运动能够有助于调节内心的压力和紧张的情绪状态，尤其是户外运动，亲近大自然，更能够缓解男孩的情绪，帮助男孩的身体释放快乐的物质。特别是当酣畅淋漓发泄完所有多余的精力后，男孩往往会觉得自己内心很平静。其次，很多老司机都知道遇到红绿灯的时候宁停三分，不抢一秒，才能保障安全。其实对于冲动易怒的青春期男孩而言，每当坏脾气要发作的时候，也相当于情绪亮起红灯，这个时候不妨冷静几分钟再做出反应，就能有效避免因为冲动而做出让自己追悔莫及的举动。再次，青春期男孩经常面临情绪的火山爆发，最好为自己找到合理的情绪宣泄途径和办法，这样才能及时疏导情绪，也才能让自己第一时间恢复冷静和理智。有很多方式都能帮助男孩发泄情绪，例如唱歌、大喊、运动，或者向他人倾诉，或者写日记，看电影等，都是不错的发泄方式，很适合青春期男孩采用。最后，青春期男孩也要意识到自己是独立的生命个体，不可能所有地方都尽善尽美，而是会有很多缺点和不足。只有做到悦纳自己，青春期男孩才会拥有好心情，才能避免对自己吹毛求疵，也避免对自己有过高的期望，导致自己陷入失望的困境中。归根结底，人生从来不是完美的，每个人都是人生旅途上的旅者，只要拼尽全力向前，用心欣赏过程的美景，这就足够了。

第 06 章

做一个剔透的男孩，别被周围的假象所蒙蔽

很多青春期男孩都大大咧咧的，殊不知危险在生活中无处不在，要想有效保护自己，男孩就要拥有火眼金睛，并且让自己的心玲珑剔透，这样才能辨识生活中的很多假象，从而有效保护自己，让自己平安快乐地成长。

知人识面，男孩还需要加油历练

正在读六年级的彤彤非常擅长写作文，这都是因为他平日里喜欢阅读的功劳。为此，彤彤的语文成绩在班级里也始终名列前茅，每次作文课，老师都会将彤彤的作文作为范文，朗读给同学们听。与彤彤恰好相反，他的同桌小蕊尽管学习成绩也不错，但是却最发愁写作文，而且一上作文课就头疼。

这一天，老师又布置了一篇作文，还说会选出优秀的作文参加学校的作文比赛，如果在学校的作文比赛中得奖了，还有机会代表学校去参加县里的作文竞赛呢！为此，彤彤对于这篇作文非常重视，绞尽脑汁，想要把作文写得出彩。彤彤才完成草稿，小蕊就问彤彤："彤彤，你这么快就打完草稿啦，能给我看看吗？学习一下，太羡慕你腹有诗书了。"彤彤丝毫没有多想，反而因为得到小蕊的羡慕而沾沾自喜，毫不戒备地把作文草稿给小蕊看。结果，小蕊被选上了，代表班级参加学校里的作文比赛，而彤彤却落选了。彤彤很纳闷，既然小蕊一直以来都不喜欢写作文，而且写作文的水平也有限，为何这次却能超越自己，成功地被选中呢？直到作文发下来，彤彤才知道原因。原来，小蕊的作文和彤彤的作文相差无几，彤彤所有的精华小蕊都有，而且小蕊还在彤彤不出色的地方，也写出了绝妙的感觉呢！彤彤当即就知道是怎么回事了，失去了这个代表班级参加作文比赛的机会，彤彤很懊丧，但是通过这件事情知道小蕊的为人，彤彤又觉得很庆幸。后来，小蕊再想看彤彤的作文学习，彤彤都会直截了当地拒绝："你还是参照作文选吧，我的能力有限，我写作文还没有你好呢！"小蕊心知肚明彤彤说的是什么，也就没有再提出非分的请求。

虽然不是第一天和小蕊同桌，但是彤彤还是不可避免地被小蕊摆了一道，精心构思和完成的作文，就这样被小蕊窃取了，彤彤觉得很伤心，也因此吃一堑长一智，后来就对小蕊有所戒备，不再借出作文草稿给小蕊学习了。对于彤彤而言，这尽管是一次惨痛的教训，但是也给彤彤积累了知人识面的经验。

在成长的过程中，男孩总会付出一定的代价，这代价或者很小，也或者很大。但是有一点毋庸置疑，就是成长总是一步一步脚踏实地才能进行下去，而从来不是一蹴而就的。这个世界上既没有天上掉馅饼的好事，也没有一蹴而就的成功，更没有一步登天的进步，每个男孩都要摆正心态，即使在成长之中受到了伤害，得到了教训，遭遇了失败，也不要懊丧。尤其是在人际交往中，要想更加了解他人的为人品行，更需要漫长的时间，才能在点点滴滴的小事之中观察他人，也才能真正做到了解他人。当发现某个人不值得信任和深入交往时，男孩就要有所防备，要在与对方维持表面和平的情况下，做到心中有数。总而言之，没有一定的成长经历和人生经验，男孩是不可能知人识面的。所以男孩一定要更用心对待成长，也要真正保持积极的心态与他人交往，多多留心，处处学习。

火眼金睛，不被谎言欺骗

从小以来，彤彤最讨厌的就是被欺骗。哪怕是善意的谎言，彤彤也不能接受，更不能容忍，因为他对人际相处的真诚几乎达到了苛刻的程度。为此，彤彤的身边并不像其他同学那样拥有很多好朋友，反而，彤彤的朋友很少，对于真诚友谊的追求，让彤彤只与少数几个同学成为朋友，相互信任。每当要发展新朋友时，彤彤总是很小心谨慎，因为他要考察对方是否真诚，又是否会说谎。对于爱撒谎的人，彤彤是绝对不能容忍他们成为朋友的。

因为班级里调整座位，彤彤与默默成为了新同桌。默默看起来人如其名，从来不爱多说话，总是保持沉默的状态。为此，彤彤与默默在很长一段时间里都保持生疏的关系，并没有像班级里大多数同桌那样很快熟悉起来。彤彤暗暗想道：这个新同桌不知道是否会像小蕊一样"暗算"我，不过他看起来挺老实的，希望我们之间的交往以慢热开始，能有好的结局吧！

有一次，彤彤因为忘记带橡皮了，所以向同桌紧急求助。不承想，默默也很凑巧没带橡皮，当听到默默说自己也没带橡皮时，彤彤的第一反应是：哪里有这么巧呢，肯定是不想借给我用，才故意撒谎的。然而，接下来，默默很热心地帮助彤彤向前排同学借橡皮，到了课间还气喘吁吁地跑到校门口的小超市里买了两块橡皮，送了一块给彤彤。彤彤觉得心中很温暖，如果默默是撒谎不想借橡皮给彤彤用，有必要这么做吗？自从这件事情之后，彤彤感受到默默在默默无闻的背后隐藏着的热情和真诚，渐渐地，彤彤对默默打开心扉，与默默成为了很好的朋友。

很多人都讨厌谎言，更不愿意被谎言欺骗，对于青春期男孩而言，被欺骗会使他们怀疑自己的能力，觉得自己没有识别力和判断力，给他们的感觉简直糟糕透了。为此，大多数青春期男孩都希望自己不被欺骗，而渴望真诚的友谊。彤彤也是如此，所以在向默默借橡皮无果之后，彤彤产生了怀疑，但是却没有轻易说出来。他继续观察默默，发现默默真的没有带橡皮，因而心中释然。后来，又看到默默热心地帮他借橡皮，还利用下课时间以百米冲刺的速度去买橡皮，彤彤更是深受感动。孩子之间的友谊是非常纯粹的，他们没有那么多的功利思想，而是以赤子之心感受他人对自己的真心诚意，一旦发自内心认可和信任他人，就会全身心投入彼此的交往之中，无所保留。

　　人人都渴望真诚的友谊，不仅孩子如此，成人也是如此。然而，正如古人所说，人生得一知己足以，由此可见真朋友是不容易得到的。很多男孩担心自己不能识别他人的谎言，因而遭遇被欺骗的厄运，实际上，只要用心感受，练就火眼金睛，谎言是很容易被戳穿的。例如事例中的彤彤，就是感受到了默默的真心诚意，才与默默成为真正的好朋友、好同桌。当然，大多数人在撒谎的时候都会有异常的表现，例如面红耳赤、说话结结巴巴、眼睛不敢正视等。更多地了解这些撒谎者才有的面部表情和肢体语言，有助于男孩更加眼光犀利，拨开迷雾见到真相，也更有效率地识别谎言，拒绝谎言。

　　人与人之间的交往，一定要建立在相互尊重、平等相待和真诚相对的基础之上。否则，如果缺乏尊重和信任，导致在交往中总是疑神疑鬼，不能完全相信对方，那么交往就不是一种享受，而是一种折磨。对于男孩而言，也不要因为总是怀疑他人的真诚，就拒绝与他人坦诚相待。记住，人与人之间的一切付出都是相互的，男孩要想得到他人的真诚相对，就一定要更加真诚地对待他人，才能让交往真诚地进行下去。所谓种瓜得瓜，种豆得豆，用在人际交往的互动之中，也是非常恰当的。也许有男孩会担心：如果我真诚地对待他人，但是却被他人欺骗，怎么办呢？正如前文所说，成长总是要付出代价的，任何时候，人生都不能因噎废食，哪怕冒着被他人欺骗的风险，男孩也应该首先真诚友善地对待他人。否则，如果男孩对他人疑神疑鬼，始终不愿意信任他人，又如何能够得到他人的真心相对呢？赠人玫瑰，手有余香，当男孩信任他人，就会发现维护良好的人际关系其实并不像想象中那么艰难和复杂。

注重细节，以柔情打动人心

自从有了新同桌默默，彤彤对于老同桌小蕊曾经对自己的伤害也不那么放在心上了。默默是个非常宽容平和的人，很能设身处地地为他人着想。有一次，彤彤对默默说起被小蕊剽窃作文的事情，默默说："一定是小蕊真的非常羡慕你的才华，才想出这样的方法。这其实是小蕊崇拜你，以小蕊这么好的学习成绩，才不愿意盲目模仿别人呢！"听了默默的话，彤彤心中释然，说："看来，我也该原谅小蕊了，毕竟小蕊也和我同桌了一年多呢，就因为小小的错误就拒绝小蕊的友谊，也不好。"默默当即鼓励彤彤："你说得很对。我听其他同学说，下周一是小蕊的生日，如果你想和小蕊恢复友好关系，不如就大人有大量，送个生日礼物给小蕊。大人不是常说以德报怨么，你不记恨小蕊，反而送礼物给小蕊，一定会让小蕊很感动的。"在默默的建议下，彤彤趁着周末的时间，就开始为小蕊准备礼物。

彤彤想到送一本书作为礼物给小蕊，但是送什么书呢？他们之前因为作文结下梁子，要是送作文选显然不合时宜。彤彤想到了一套很多女孩都喜欢看的漫画书，因而决定送漫画书给小蕊。正在结账的时候，彤彤想到默默作为女孩也一定喜欢这套漫画书，自己既然都能不计前嫌送给小蕊漫画书，理所当然也该给默默送个礼物。为此，彤彤当机立断又购买了一套漫画书送给默默。当默默看到自己的课桌上躺着包装精美的整套漫画书，感动得眼泪都流出来了。她真诚地对彤彤说："彤彤，你真是个暖男，我真幸运和你成为同桌。"虽然在此之前彤彤和默默已经成为好朋友，但是在这个暖心举动之后，彤彤明显感觉到自己和默默的关系又更亲近了，就像知己。最重要的是，彤彤和小蕊之间也尽释前嫌，小蕊因为彤彤的暖心举动，成为了彤彤的铁哥们。

彤彤的确是一个暖男，也许在没有得到默默的指点之前，他没想到应该从细节着手，与小蕊改善关系，毕竟同学一场也是缘分呢。在得到默默的指点之后，彤彤一发不可收拾，居然举一反三，做出让默默感动不已的举动。人与人之间的缘分，并非只能靠着天注定去完成，更多的时候，一个小细节的关注，就能打动人心，让人的内心变得柔软和温暖。

大多数青春期男孩都大大咧咧的，实际上，粗心不应该是青春期男孩的特点。要想让自己成为暖男，青春期男孩就要更加关注细节，也要更加注重在细节方面与朋友的互动。男孩不仅可以感动女孩，只要把朋友的情谊做到细致，还可以感动很多同性的朋友。朋友一生一起走，每个青春期男孩都需要朋友的陪伴和友谊的滋养，因而要珍惜友谊，更要以用心和细致，呵护友谊的花朵常开不败。

细节应该渗透到生活的方方面面，青春期男孩不仅可以把对细节的关注投射到友谊上，还可以把对细节的关注投射到与父母的感情之中，以加深亲子关系与感情。总而言之，细节是每个人都不能忽视的，也是做好每件事情、经营好每一份感情必须重视的。认识到这一点，男孩就不会再以大大咧咧为荣，而是努力做到尽善尽美。

路遥知马力，日久见人心

在一次数学考试中，彤彤有道数学题不会做，这道题目位于试卷末尾，占很多分数，因而彤彤急得抓耳挠腮。正当彤彤急得如同热锅上的蚂蚁团团乱转时，突然看到同桌默默已经顺利完成了试卷，正在检查准备交卷呢！彤彤当即在课桌下面用脚轻轻地触碰默默，等到默默看向他的时候，又马上用眼神示意默默把试卷翻到题目那里，给他抄写。默默默默地看了看彤彤，一声不吭，连检查都不查了，就把试卷交给了老师。彤彤以为默默没有领会他的意思，懊丧得唉声叹气，只好自己留在座位继续冥思苦想。

考试刚刚结束，彤彤就抱怨默默："默默，你怎么那么笨呢，我都暗示你把试卷给我看看了，你还交卷走了。下次，能不能有点默契？"
默默淡然地说："不能。因为我是故意提前交卷的，就是为了打消你的歪念头。"彤彤原本以为默默不理解他的意思，听到默默是故意交卷的，彤彤着急了："你真是不够意思啊，你只需要把试卷翻过来就行！"默默说："这道题目老师昨天刚刚讲过，谁让你不认真听讲呢！就得让你接受教训，你下次才知道要带着两只耳朵认真听讲。而且，我这次给你抄了，等到正式考试的时候，你还能继续抄吗？"虽然觉得默默说得有道理，彤彤还是一时之间转不过弯来，接连两天都没理默默。有一天自习课，默默主动拿出一张报纸，为彤彤讲解那天的题目，彤彤这才勉为其难地接受了默默的好意。等到真正掌握了这道题目，默默笑着问彤彤："这下子彻底不怕考试了，还生我的气吗？"彤彤真正理解了默默的良苦用心，不好意思地笑了。

如果彤彤认为考试的时候帮他作弊的朋友，才是好朋友，那么显然彤彤是大错特错了。默默是真正的好朋友，考试结束之后默默主动为彤彤补习不会的题目，证明了默默对彤彤的真心好意。

了解一个人到底需要多久的时间？很多性情爽直的青春期男孩未必了解这一点，所以他们在初步了解一个人时，就会不负责任地断定自己与对方志同道合、性情相投，是可以相互信任和深入交往的。然而，等到随着时间的流逝，对方的真面目渐渐表现出来，男孩又会觉得倍受伤害，甚至为此而懊丧不已，恨自己没长眼睛，居然轻信了一个居心叵测的人。

老话说，路遥知马力，日久见人心。尽管这句话已经传承了很久，但是并没有随着时间的流逝而失去其真知灼见的本质，反而在岁月的流逝中，很多事情都证明了要想深入了解一个人，的确是需要时间的。在一切都顺遂如意的时候，人心并不会显露无遗，因为有更多的时间和空间去呈现，所以人心会经过掩饰，表现出美好纯真的样子。只有等到关键时刻，人因为没有时间去思考和掩饰，所以往往会露出本能的表现，而更加真实和自然。只有在这样的时刻，每个人看到的和感受到的才是真正的朋友。然而，生活中并不总是危机，既然如此，男孩就不要急于肯定或者否定一个朋友，而要耐心等待，用心感受朋友的真心。当朋友之间一起经历的事情更多，彼此间也就更加了解，从而有深入的认知，也更准确地判断这个朋友是否真正值得交往，在危急时刻又是否值得信任和托付。

男孩还需要注意，只会说甜言蜜语的朋友未必是真朋友，也许是混在你的身边打酱油的。真朋友除了叫好之外，还会更加重视给你提出中肯的意见和建议，也会直言不讳为你指出错误，因为他们是发自内心为你好，而把你是否会怪罪他们放在次位。所以男孩更要擦亮眼睛，不要对说出逆耳忠言的朋友一味地抱怨，也不要不假思索就觉得只有阿谀奉承自己的朋友才是好朋友。明智的男孩一定会用心感受，哪个朋友是真心为自己好的，哪个朋友只是顺便路过来打酱油的。

第一印象未必那么神乎其神

新学期开始，班级迎来了新同学。新同学是个从外地刚刚转学来的男生，叫刘欢，看起来表情酷酷的，一副高高在上的样子，和歌星刘欢笑眯眯的模样截然不同。最重要的是，这个叫刘欢的男同学后来居上，在学习上表现非常突出，这让一直以来因为学习成绩好而深受老师喜爱的彤彤很嫉妒，也为此对刘欢留下了不好的印象。

此后大概一个月，班级里大多数同学都与刘欢相熟了，唯独彤彤与刘欢保持着距离。而刘欢呢，尽管对大家都很热情，却也和彤彤心有灵犀一样，对彤彤敬而远之。直到有一次，彤彤和刘欢一起代表班级和学校参加县里的奥数比赛，这才有了独处的时间。

参加比赛当天，一开始他们还保持着生疏的距离，后来彤彤发现自己忘记带一个重要的文具，因而不免着急起来。这时，刘欢热情地拿出自己特意多准备的文具递给彤彤，说："给你用吧，我是作为备用的，就是担心咱们俩出什么状况。"看到刘欢这么细心，还把自己的突发情况也考虑在内，彤彤非常感动。比赛结束后一起回家时，彤彤对刘欢说："看起来，你也不像给人的第一印象那么孤傲高冷。"听到彤彤这句话，刘欢简直笑喷了，说："我孤傲高冷，孤傲高冷的是你好吧。看看我初来乍到，你就对我表现出不可一世的样子，简直像在告诉我，这里是你的地盘。我还能怎么办，只好乖乖的，离你远一点。"彤彤也很惊讶："我哪里有，我是想欢迎你，被你的孤傲高冷吓倒了好吧？"这时，彤彤和刘欢情不自禁相视而笑："哈哈，这就叫英雄相惜。"

一直以来，人们都被第一印象欺骗了，也总是凭着第一印象判断他人。殊不知，从心理学的角度而言，第一印象尽管有道理，也的确会使人初见端倪，却未必完全准确。前文说过，路遥知马力，日久见人心，如果没有长期的相互了解，很难真正了解一个人。所以第一印象只能作为人们相互了解的第一个步骤，也是最粗浅的步骤，在与人交往的过程中，千万不要被第一印象误导和欺骗，导致彼此都陷入误区。

青春期男孩正处于身心快速发展的阶段，因而看起来会给人以耍酷的感觉，这是因为随着身体变得高大强壮，青春期男孩的确觉得自己真正长大了，可以像大人一样更深沉。也许恰恰是这样的外在表现，让青春期男孩显得拒人于千里之外。在彼此的交往中，男孩千万不要被对方这样的冷酷外表迷惑，而是要更加深入了解对方的内心，从而才能打开对方的心扉，走入对方的内心世界，与对方更好地相处。

第一印象可以给人际交往提供参考，但是不能由此而判断一个人是怎样的。就像事例中的彤彤和刘欢，如果不是借着参加奥数比赛的机会单独相处，也许还要很长时间都彼此疏离，假装深沉呢！尽管"酷"是青春期男孩的追求，但是在应该表现出积极热情的时候，青春期男孩不要被对方的"酷"和自己的"酷"隔阂了，而要勇敢地迈出第一步，伸出友谊的橄榄枝，这样才能收获友谊！

坦然待人，才能得到他人的坦诚对待

彤彤和刘欢成为了很好的朋友。刘欢其实是一个很善于交际的人，原本就有很多朋友，因而在与彤彤刚刚结为朋友的新鲜时期过去之后，刘欢对彤彤的关注就没有那么多了。为此，彤彤感到很不开心，故意疏远刘欢。有一天放学，刘欢远远地喊"彤彤等等我"，彤彤却装作没听见，连头都不愿意回。刘欢不知道彤彤生气了，还以为彤彤没有听到他的喊声呢，因而次日一到学校就问彤彤："你昨天怎么没听到我叫你啊！"彤彤冷冷地哼了几声，刘欢丈二和尚摸不着头脑，走开了。

更了解彤彤的默默看出彤彤很不开心，问彤彤："你怎么了？"彤彤不愿意说，默默善解人意地说："你一定生刘欢的气了，因为刘欢朋友很多，根本无暇顾及你，而不像你一样只把他当成最好的朋友。"默默的话说到了彤彤的心坎里，彤彤也就没有必要继续掩饰，因而闷闷不乐地点点头。默默说："其实，刘欢和咱们的性格是不同的。咱们比较内向，喜欢结交特别好的朋友，而刘欢很外向，人缘好，所以喜欢结交更多的朋友。你应该把你的感受告诉刘欢，否则刘欢根本不了解你为何生气，这样刘欢才能找到更好的方式和你相处。朋友之间，不是也需要磨合么！"彤彤觉得默默的话很有道理，因而找到合适的机会把自己的感受告诉刘欢。果然，刘欢根本没有意识到彤彤是在生他的气，只以为彤彤是心情不好不想说话呢！经过这番深入交流，彤彤和刘欢更加彼此理解，也渐渐磨合好了，他们的友谊更加坚固了。

如果彤彤一味地把不开心隐藏起来，默默地生气，却从来不明确说出自己的感受，那么直到友谊的小船倾覆，也许刘欢都不知道到底是为什么。幸好有善解人意的默默在一旁多多指点，开解彤彤的心结，才能让彤彤真正和刘欢坦诚相待，说出自己的感受，从而维持了友谊。

一个人从来不是另一个人肚子里的蛔虫，更何况青春期男孩因为正处于身心发展的特殊阶段，所以情绪波动很大，心情也总是变幻莫测呢！要想让他人包括父母在内了解自己，青春期男孩千万不能想当然，觉得对方理所当然要理解自己的情绪和感受。试问，连最了解你的父母都猜不透你正处于青春期的心，更何况是与你一样处于青春期的同学和朋友呢！所以要想求得理解，青春期男孩就要积极主动坦诚表达自己的感受，并且积极地与他人进行深入的沟通和交流，这样才能做到心意相通，也才能减少误解。

坦诚相待，对于要想成为朋友或者已经成为朋友的男孩之间，是必不可少的交往基础。否则彼此不管有什么不愉快都隐藏在心里，始终像是在和对方捉迷藏一样躲来躲去，不但白白浪费很多时间，而且根本不能对交往起到有益的推动作用。曾经有一首歌里唱道，"女孩的心思你别猜，别猜，你猜来猜去也猜不明白"，这里我们也要说，"男孩的心思你别猜，别猜，你猜来猜去也猜不明白"。既然猜不明白，男孩就要坦率剖析自己的内心，把所有的心情都展示给朋友看，这样才能推动友谊不断深入发展，也才能拥有真正交心的好朋友。

第 07 章

谨慎应对陌生人，骗子的脸上没标签

　　随着社会的发展，各色人等层出不穷，男孩尽管不断成长，智力水平越来越高，但是坏人的骗术也不断更新，层出不穷。因而男孩一定要与时俱进，多多留心，要用心观察，才能避免被坏人欺骗。尤其是在面对陌生人时，男孩更是要引起足够的重视，毕竟骗子的脸上是没有标签的，只能靠男孩去用心辨识。

坏人的脑门没写字，远离陌生人

豆豆这个名字，大多数人听到一定会认为豆豆还是个小孩子，实际上已经十岁的豆豆，最烦别人把他当成小孩子对待。豆豆总是向父母宣告："我长大了，是男子汉了，请叫我大名，不要总是喊我豆豆。"然而，在爸爸妈妈心中，不管豆豆多大，都是他们的乖儿子，都是需要他们关心、照顾和用心保护的小孩子。因而妈妈总是对豆豆说："你就算八十岁了，在爸爸妈妈心中也是孩子。"基于这样的想法，爸爸妈妈一直把豆豆照顾得很好，妈妈更是个全能手，导致豆豆都十岁了，从未帮家里做过任何家务。为了独自上学放学，豆豆和妈妈争取了好几次，才成功。终于可以不用爸爸妈妈接送了，豆豆觉得特别新鲜，也浑身轻松。

爸爸妈妈在尾随豆豆几次之后，认为豆豆已经学会过马路，因而就放心地任由豆豆一个人上学放学了。然而，有一天放学，豆豆晚了一个多小时才回家，在确定豆豆没有被老师留在学校写作业后，爸爸当即从单位请假，火速沿着从学校回家的道路寻找豆豆。爸爸找了两遍，都没有找到豆豆，不由得纳闷：豆豆能去哪里呢？在寻找第三遍的时候，爸爸发现豆豆正在朝着家里走去，当即赶上去焦急地问："豆豆，你去哪里了，我怎么刚才没看到你？"豆豆看到爸爸来了，很兴奋地说：

"爸爸，我刚才做好事了，有个小弟弟找不到家了，我就陪着小弟弟在超市门口等了很久。"听到豆豆的话，爸爸更着急了："你还挺会做好事，你知不知道爸爸妈妈都快急疯了呢！"豆豆不知道爸爸为何着急，说："我这不是好好的嘛！"爸爸语重心长地对豆豆说："豆豆，坏人脑门上是没写字的，而且如今还有坏人利用孩子做坏事呢！你要是看到小弟弟需要帮助，可以把他交给超市的人，让超市的人帮忙报警，自己可不能站在那里等着，因为你连保护自己的能力都没有。"豆豆有些不服气："后来，小弟弟的妈妈真的来了。"爸爸问："你如何判断那是小弟弟真正的妈妈呢？如果是大人利用孩子想要骗你，让你跟他们一起走，怎么办？也许他们是真的走散了，也许是因为看到超市人多才没有对你下手呢？总而言之，以后千万不要随便和陌生人在一起，包括陌生的孩子也不行！"爸爸的话让豆豆感到后怕起来，他说："爸爸，真的这么可怕吗？"爸爸点点头："你必须做到家与学校两点一线，否则爸爸妈妈就不能让你独立上学放学了！"一听到好不容易争取来的权利有可能被没收，豆豆赶紧点头表示接受。

在成长的过程中，男孩接触最多的人就是家人，等到进入学校，又开始与老师、同学接触。尽管如今的学校也不都是一片净土，家庭环境也并非没有任何污染，但是相比起社会上复杂的环境来说，学校和家庭之中的环境都是相对简单的，而且不管是父母还是老师、同学，对于男孩都是没有恶意的。渐渐地，男孩厌倦了被保护，尤其是进入青春期之后，男孩觉得自己已经长大了，不但身高和体重猛增，而且心理上也渐渐成熟，所以他们不甘心继续在单纯和熟悉的环境里生活，而想要寻求新鲜的刺激。在这种情况下，每当有机会与陌生人接触，男孩总是很兴奋，甚至因此而上了陌生人的当，导致自己受到严重伤害。

一个人如果长期处于充满善意的安全环境中，就会缺乏安全意识，如果父母没有有意识地培养男孩的安全意识，帮助男孩提升自我保护的技能，那么男孩根本不知道危险就潜伏在生活的某一个角落中，甚至就在他们身边。这样的男孩神经大条，对人毫无戒备之意，当然是非常危险的。尤其是如今的坏人越来越会伪装，他们的脑门上没有写字，脸颊上没有标签，一旦他们表现出和善的一面，更会迷惑男孩的心。为了避免受到陌生人的欺骗和伤害，男孩一定要远离陌生人，尤其是在独自行动时，更不要与陌生人搭讪，或者接触。常言道，小心驶得万年船，当男孩的活动范围不断扩大，危险总是突如其来。男孩一定要有安全意识，也要掌握自我保护的技巧，才能真正远离危险，有效地保护自己。

热心指路固然好，盲目带路不可取

有了上次的教训之后，在上学放学的路上，豆豆再也不敢与陌生人搭讪了。然而，有一天，豆豆放学的路上遇到一个白发苍苍的老奶奶。老奶奶问豆豆："小朋友，你知道育新小区怎么走吗？"豆豆当然知道育新小区，就在他们学校附近。为此，豆豆热心为老奶奶指路。但是，老奶奶太老了，耳朵有些背了，眼睛也昏花了，豆豆接连告诉老奶奶好几遍，老奶奶都听不清楚，也找不到。老奶奶问豆豆："小朋友，我太老了，你能把我送到育新小区吗？"

豆豆正想答应老奶奶，觉得折返学校花不了多长的时间，不至于让爸爸妈妈着急。然而，当走到最近的十字路口时，豆豆看到交警，突然想起妈妈曾经告诉他的："不能给陌生人带路，在给陌生人指路的时候，也要保持安全距离。"这句话让豆豆猛地打了个机灵，这个老奶奶看起来这么老了，为何一个人在外面呢？万一是坏人怎么办？老奶奶应该不是坏人吧，那么如果是坏人怎么办？为了安全起见，豆豆对老奶奶说："老奶奶，那里有警察，我让他送您回家吧！"说完，豆豆就找到交警，说了老奶奶的情况。等到转身去看老奶奶的时候，豆豆才发现老奶奶已经走出很远了。

回到家里，豆豆把情况告诉爸爸妈妈，爸爸妈妈异口同声地说："以后，不许给任何陌生人带路。"豆豆也意识到危险，连连点头。爸爸更是再三强调："哪怕老奶奶真的是好人，也不能给她带路，让她找警察带路，这是最好的办法。"豆豆扬扬得意，对爸爸妈妈说："怎么样，你们的儿子还是很机灵的吧！"

前几年，有一位护士学校的女孩给陌生的孕妇指路，后来在孕妇的请求下，又帮孕妇拎着沉重的东西送到家里，还接受了孕妇的邀请去孕妇家里坐一坐。就是因为缺乏安全意识，这个女孩一错再错，最终被孕妇的丈夫奸杀，残忍地分尸。原来，那个孕妇就是因为在怀孕期间无法满足丈夫的生理需求，所以有预谋地引诱女孩送她回家，供给丈夫发泄兽欲。如花似玉的女孩，善良热情的女孩，就这样香消玉殒，再也没有机会走出那个邪恶的地方，也给父母造成了一生都无法挽回和忘却的伤痛。假如女孩有警惕意识，给孕妇指路之后，拒绝送孕妇回家，或者送孕妇到达家门口之后，拒绝跟随陌生人进入陌生的封闭环境，那么她至少还有机会逃跑，也有机会呼救，而不会成为案板上的肉任人宰割，默默无声地死去。

如今，坏人的花样越来越多，很多坏人还会在单身女性的门口播放婴儿哭泣的声音，从而引诱单身女性打开房门，坏人趁机进入室内行凶作案。不得不说，坏人花样频出，为了保护好自己，不管是单身女性，还是单身男性，也不管是成人，还是孩子，都要提升安全意识，才能更有效地保护自己。事例中，豆豆还算机灵，在送了老奶奶一程之后，决定把老奶奶交给警察。其实，作为老人或者成年人，主动提出让一个孩子送自己到某个地方去，动机一定是不纯的。既然走到哪里都能遇到人，自己又长着一张嘴，为何不能边问边找呢？这样的人即使不是坏人，也必然是自私的人，男孩一定要擦亮自己的眼睛，辨识他人的用意，学会判断自己正在经历的事情，才能有效保护自己，避免自己遭到伤害。

除了陌生人之外，如今，很多男孩都有手机，也会接到陌生人的电话。其实，陌生人行骗的方式也不再局限于当面行骗了，他们还会给各个电话号码打电话，或者在QQ、微信等社交工具上说出蛊惑人心的话。男孩一定要时刻保持警惕，不管是对现实生活中的陌生人，还是对电话和社交工具中的陌生人，都要做到不接触、不靠近，也绝不轻信。现代社会，危险无处不在，骗子也以各种面目出现，男孩唯有以强烈的自我保护意识为自己铸就安全的铜墙铁壁，才能拒绝危险的靠近，也才能避免危险的发生。

管好嘴巴，不当大喇叭

在爸爸妈妈的安全教育之下，豆豆与陌生人的确能够保持安全距离，也不会再做给陌生人带路的傻事了。然而，豆豆只知道不能与陌生人亲近，却不知道在与陌生人交谈时，也应该多多留心，管好自己的嘴巴，千万不要因为一时疏忽，就把家里的信息都告诉陌生人。

一个周末，因为妈妈要加班，所以豆豆和妈妈一起去上班。豆豆上午一直在写作业，下午完成作业后，就在妈妈单位的院子里玩耍。在花坛附近，豆豆遇到一个陌生的阿姨。这个阿姨看到豆豆可爱，就逗着豆豆说话，还问豆豆的妈妈叫什么名字，在哪个部门工作。其实，这个阿姨也是单位的工作人员，因而当豆豆说出妈妈的名字和工作部门时，阿姨就知道豆豆是谁家的孩子了。阿姨看到豆豆很喜欢交谈，便一直逗着豆豆，结果十几分钟下来，豆豆对阿姨有问必答，把自己家的门牌号都告诉阿姨了。阿姨笑得前仰后合，要领着豆豆去找妈妈。不过，豆豆很警惕，当即说自己会去找妈妈，就一溜烟地跑了。快下班的时候，阿姨找到豆豆妈妈，说："小芳，你家孩子很有意思，很爱交流。我中午之后和他在花坛边聊了一会儿，现在我连你家住在哪里都清清楚楚啦！"妈妈听到阿姨的话，表现出很惊讶的样子，说："他对陌生人有戒备心理啊！"阿姨笑着说："的确有戒备心理，我说带着他来找你，他一溜烟跑了。不过，家里的情况可是说得清清楚楚。这个小家伙，真好玩，不认生。"妈妈当即教育豆豆："豆豆，你今天可是又犯错误了，不过也怪妈妈没有告诉你。现在妈妈就告诉你，防范陌生人不但是要与陌生人保持距离，不送陌生人回家，也包括对陌生人守口如瓶，不说自己和家里人的情况。你今天遇到的阿姨，是妈妈的同事，你要是在大路上随便对人说咱们家住在哪里，然后再告诉别人你和妈妈出来加班了，家里没人。万一是坏人，岂不是直接去咱们家里行窃了呀！"豆豆这才醒过味来，赶紧问阿姨："阿姨，你没告诉别人我们家没人在家吧！"阿姨笑起来，说："小家伙，你可真是个机灵鬼，马上就把皮球踢给我了！"妈妈和阿姨都哈哈大笑起来。

面对陌生人，男孩一定要管好自己的嘴巴，除了不与陌生人亲近，不给陌生人带路之外，还要避免对陌生人提起自己的私人信息以及家庭情况。所谓说者无意，听者有心，当男孩无心之间把家里的情况和盘托出，就很有可能发生事例中妈妈所设想的情况，导致家里被坏人托底，也让坏人因为摸清楚情况而做坏事有恃无恐。

常言道，言多必失，祸从口出。男孩千万不要觉得自己聪明，就与陌生人畅聊，也许不知道哪句话就会泄露重要的信息，造成不可挽回的损失。当自己独自出门的时候，遇到陌生人，男孩也不要因为陌生人夸赞勇敢就承认自己的确孤身一人，否则就会给坏人可乘之机，对自己造成伤害。总而言之，坏人是处处留心在寻找做坏事的机会，男孩也要处处小心才能防范坏人。

有陌生人敲门，千万小心

一个周末，爸爸妈妈又要加班，原本约定让豆豆和妈妈一起上班，然而，豆豆自从上次在妈妈单位被那个陌生阿姨逗弄后，不愿意再跟着妈妈上班了。为此，他要求自己留在家里看门，还可以在家里写作业和玩电脑呢！爸爸妈妈尽管不放心，但是在为豆豆留下手机、锁好门之后，还是离开了。

第一次在家，豆豆就遇到了突发状况。上午十一点前后，突然有人敲门。豆豆根本没想到家里有人来，因而当即紧张激动地询问："谁啊？"从猫眼里看去，门外站着一个陌生人，而且陌生人自称是免费清洗抽油烟机的。豆豆一听说是免费清洗抽油烟机的，有些激动，当即打电话问妈妈："妈妈，咱家清洗抽油烟机吗？"听到豆豆的描述，妈妈当即告诉豆豆不要继续与陌生人搭讪，并且绝对不要给陌生人开门。妈妈告诉豆豆："如果坏人知道家里只有你自己，说不定会做坏事呢！"挂断妈妈的电话，豆豆很担心："万一坏人现在已经知道家里只有小孩子，那该怎么办呢？"豆豆灵机一动，对着门外喊道："你等一会儿，我爸爸买菜回家了，还有三分钟到家。等我爸爸回来了，你和我爸爸说吧！"豆豆的话音刚落，门外就没动静了。很快，豆豆听到下楼的声音，原来那个自称要免费清洗抽油烟机的人走开了。豆豆如释重负，赶紧给妈妈打电话汇报情况，妈妈说："不错，不错，你还挺机智的。如果再遇到有人敲门，不要应答，不要被人知道家里只有你在家。我已经让邻居王奶奶一会儿上楼去查看咱家门口的情况了，你就放心吧！"

坏人做坏事情之前，一定会先踩点。如果屋子里没有应答，坏人摸不清楚情况，也许就无从下手。然而，当男孩自己在家的时候，如果擅自回答坏人的提问，那么就会导致坏人有机可乘，甚至因为知道家里只有孩子而有恃无恐。幸好豆豆很机智，告诉陌生人爸爸还有三四分钟就到家了，这样一来陌生人有所忌惮，自然也就离开了。

在国外，是不允许未成年的孩子单独留在家里的，而在国内，因为很多父母周末也要忙着加班，等到孩子渐渐长大，拥有照顾自己的能力，父母无奈之下只能把孩子留在家里。在这种情况下，除了要告诫孩子不要触碰那些容易发生危险的水电燃气之外，更要教会孩子如何应对陌生人敲门。当孩子独自在家的时候，一定要保证容易引发危险的水电燃气都已经关闭了。尤其需要注意的是，很多父母为了保障孩子安全，会把孩子反锁在家里，其实这是非常危险的。众所周知，意外随时随地都会发生，如果把孩子反锁在家里，一旦家中电线短路发生燃烧，或者邻居家里起火，甚至是发生地震等情况，则导致孩子无法主动打开房门求生，也影响了宝贵的求生时间。因而父母要做的是教会孩子锁门开门，从而让孩子随时都能自由地进出房屋，同时也要告诉孩子非意外或者紧急情况不要擅自离开家，以免遭遇危险。

　　尤其是当有陌生人敲门的时候，更要让孩子保持警惕。坏人做坏事之前总是会提前了解情况，而且如今各种各样的推销人员也鱼龙混杂。当男孩独自在家，遇到有陌生人敲门时，一定不要应答。如果发现门口有异常的响动，还可以及时给爸爸妈妈打电话，或者拨打110紧急电话求救。如果像事例中的豆豆一样不小心透露了家里的情况，还可以假装父母就要到来，从而震慑居心叵测的陌生人。总而言之，男孩独自在家一定要小心谨慎，不要触碰危险的东西，也要随时防备陌生的不速之客。只有把安全防护工作做得面面俱到，才能保障男孩的安全。

不吃不喝来路不明的东西

一天，豆豆跟着妈妈去超市采购，就在妈妈忙着挑选鸡蛋的工夫，豆豆居然在冷冻冰柜那里吃了起来。看着豆豆高兴地吃着梦龙，而且嘴巴抹得黑乎乎的，完全是一副贪吃的模样，妈妈先让豆豆感谢促销的阿姨，又在离开展位之后当即对豆豆展开安全教育："豆豆，你怎么吃陌生人给的东西呢？"豆豆不以为然："那个阿姨是超市的促销员啊！"妈妈忍不住说："你可真是嘴馋。那个阿姨只不过穿着超市里的促销衣服，出现在超市里，你就认定她是促销员了吗？你不知道坏人是千变万化的。"豆豆有些不高兴："但是，那个阿姨真的是超市里的促销员啊！"

妈妈不想和豆豆较真，说："的确，那个阿姨是超市里的促销员，我们现在的目的也不是讨论那个阿姨的真假。妈妈是想告诉你，不要被自己的眼睛欺骗，更不要为了贪吃，而被陌生人蒙骗。你想，万一那个阿姨是坏人假扮的，穿着超市的衣服等在超市里，专门以好吃的赠品欺骗你这样的孩子，你怎么办呢？也许等到妈妈看见你不在身边的时候，你早就让坏人得逞了。"豆豆觉得妈妈说的似乎也有道理，说："那她真的在超市里，我怎么知道真假呢？"妈妈语重心长地告诉豆豆："安全问题无小事，在不能辨别真假的情况下，你就不要随便吃陌生人给的东西，尤其是当爸爸妈妈不在场的情况下，这样不就万无一失了么？你平日里就吃得很好，什么东西是你没吃过的？所以不要一见到不花钱的美味零食就怦然心动，完全把安全问题抛到脑后去了。"豆豆认为妈妈的方案是可行的，因而连连点头。

很多孩子都无法抵抗美味零食的诱惑，尤其是对于糖果、巧克力、冰激凌等，孩子更是趋之若鹜。有些坏人正是利用孩子爱吃零食或者喜欢玩玩具的特点，想方设法诱惑孩子离开父母的视线，从而对孩子做坏事。豆豆妈妈说得很对，坏人的脑门上没写字，有的时候眼睛看到的也未必是真的。难道一看见穿警服的人，就能认定对方是警察吗？或者在超市里遇到推销商品的人，就一定是促销员吗？坏人实在太坏了，想尽各种办法伪装自己，让自己看起来是值得信任的。男孩虽然已经长大了，但是对于识别坏人还是缺乏经验的。尤其是对于复杂的人心，男孩更是很容易陷入误区。为了避免"祸从口入"，男孩一定要管好自己的嘴巴，不要因为贪图美食，就被坏人诱惑。

在日常教育中，父母更是要帮助男孩养成好习惯，即不吃不喝来路不明的东西。即使在和爸爸妈妈一起出门的时候，对于亲朋好友馈赠的美食，也要经过爸爸妈妈的同意，才能接受。如果爸爸妈妈不让接受，则要控制自己对于美食的欲望，不要随便接受。所谓民以食为天，男孩正处于长身体的时候，对于美食有着更多的渴望，这也是情有可原的。最关键的在于，要清楚君子爱财取之有道，男孩爱吃也应该取之有道。

从另一个角度而言，男孩还应该学会控制自己的食欲，降低自己对于美食不可控制的欲望。如今，随着生活条件越来越好，很多男孩都因为营养过剩变得肥胖，这就要求男孩更要控制食欲，不要见到什么东西都想吃。只有合理控制，食欲才能不断降低，男孩也才能避免自己陷入食欲的旋涡之中无法自拔。

不要和陌生人进入封闭场所

这一天，学校里组织春游，目的地是四十公里外的游乐场。可想而知，大家都非常兴奋，尤其是男孩子，更是过了把瘾，玩了很多危险刺激的项目。豆豆还玩了自己心仪已久的过山车，在此之前爸爸妈妈每次带他去游乐场，都不敢陪着他一起玩，让他觉得很扫兴。这一次，豆豆和同学们一起玩过山车，看着女生吓得要哭的样子，觉得刺激极了。快乐的时间总是过得飞快，转眼之间到了下午，大概三点半，老师开始组织同学们撤退，上大巴车。正当此时，果果的爸爸来接果果了，因为豆豆和果果是同桌，果果爸爸在为果果向老师请假时，还热情地邀请豆豆也搭乘他的私家车回家呢。

一想到不用和同学们一起挤大巴了，豆豆很高兴，正准备接受果果爸爸的邀请呢，突然又改变了主意，说："我更想和同学们一起坐大巴车，还能聊天，一起吃零食。"就这样，豆豆按照原计划上了大巴车。因为果果不在，老师和豆豆坐在果果的座位上，正好与豆豆相邻。老师饶有兴致地问豆豆："豆豆，你刚才明明想搭乘果果爸爸的车，为何后来又改变主意了呢？"豆豆狡黠地笑了，说："妈妈告诉过我，不要和陌生人一起进入陌生的空间。虽然我和果果是同桌，但是我并不了解她爸爸啊，所以她爸爸对于我来说还是陌生人。"老师绝没想到豆豆是由于这个原因才拒绝果果爸爸邀请的，因而赞许地对豆豆竖起了大拇指。豆豆想了想，又说："而且，我也不知道果果爸爸开车的技术怎么样，至少学校里联系的大巴车一定是经验丰富的老司机，毕竟车上坐着这么多的同学呢！"老师惊喜地说道："豆豆，看不出来你平日里大大咧咧，心思居然这么细腻，想得也这么周全啊！"得到老师的夸奖，豆豆觉得很不好意思，却也有些扬扬得意。

老师继续问豆豆："豆豆，你知道妈妈为何不让你与陌生人进入封闭的空间吗？"豆豆说："妈妈告诉我，在公开的场合遇到危急情况还能求救，但是如果进入封闭的空间，像我们这样的孩子一旦落入坏人之手，就只能任人宰割了。"老师点点头，说："你妈妈说的很对。那么，你知道封闭的空间都指哪些地方吗？"豆豆认真想了想，说："房子、车子，都是封闭的空间。"老师微笑着补充道："对。除了房子、车子之外，例如唱歌的地方、饭店等，也都属于封闭的空间。所以一旦遇到意外的情况发生，需要呼救，就要往人多的地方去，例如跑到街道上，或者去商场里等。这些地方或者有警察，或者有保安，最不济也有热心的陌生人能帮忙呢！"豆豆认真地把老师所说的话都记下来了。老师似乎想起来什么，又说："其实，不仅不能和陌生人进入封闭的场所，就算是相对熟悉而又没有亲密关系的人，也是要小心防范的。例如，在没有经过妈妈同意的情况下，也不能和妈妈的同事、爸爸的朋友，或者是同学的家长等进入封闭的场所，包括老师在内，在没有确定对方完全值得信任之前，都不能和对方到别处去。"豆豆很惊讶："老师也不能信任吗？"老师笑了："比如我已经教你们两三年了，你可以信任我。但是如果是新老师，你不够了解他们，是不是要先保护自己，等到确定老师是可以信任的，才能真正信任老师呢？老师也是人，不可能每个人当了老师就绝对是好人，而且老师的队伍中也很可能有坏人呢！"豆豆觉得老师说的话很有道理，说道："嗯嗯，我明白了。"

不要与陌生人进入封闭的场所，不但要区分怎样的人算作陌生人，而且哪些相对熟悉的人也不能完全信任，还要理解到底哪些场所算是封闭的场所，对这些场所都是要小心防范的。安全问题无小事，一旦出了危险就会造成不可挽回的伤害，所以作为男孩也要培养自己的安全意识，养成良好的自我保护习惯，才能保证自身安全。

现实之中，很多男孩都具有初步的安全意识，能够做到不与陌生人搭讪，不与陌生人进入封闭的空间，但是对于相对熟悉的人，或者只是混了个脸熟的人，就往往缺乏警惕性，因此导致被伤害。从本质上而言，越是来自身边的伤害，越是让人防不胜防。所谓画虎画皮难画骨，知人知面不知心，男孩一定要提高安全意识，时刻保持警惕。

陌生人搭讪，要保持警惕

这个周末，豆豆要自己去上补习班。公交车上，邻座的男人突然问豆豆："小朋友，今天是周末，你怎么还背着书包去上学啊？"豆豆不屑一顾地看了男人一眼，说："补习啊，你不知道小孩子都要上补习班吗？"男人马上表现出极其同情的模样，说："哎呀，这么辛苦，星期天大人都放假了，你们还要补习。"说完没多久，男人又笑着问："你补习的地方很远吗？怎么还需要坐公交车？"豆豆回答道："我在金山大厦补习，要好几站才能到呢！"男人又问："那你要补习一天吗？还是半天？你爸妈也放心让你自己一个人出来啊？"豆豆因为这句话产生了警觉："一个人？莫非这个人在套我的话，想要图谋不轨？"这么想来，豆豆马上管住自己的嘴巴，不再与男人说话了。到了站，看到男人也跟在自己身后下车，豆豆一溜小跑，很快到了补习点，找到了老师。

放学的时候，因为来的路上与陌生男人说得太多，豆豆也很小心，没有沿着熟悉的道路走，也没有在每次坐车的站台等公交车，而是向前走了一站地，才搭乘公交。看到车上没有那个男人的身影，豆豆这才放下心来。回家之后，豆豆把发生的事情讲给爸爸妈妈听，爸爸妈妈都感到很担心，并且再三告诫豆豆以后不管是在公交车上，还是走在路上，或者在其他场合，都不要再与陌生人搭讪了。

随着社会的飞速发展，大多数人的生活节奏都越来越快，生存压力也变得更大，在这种情况下，人心更加浮躁，每个人都只关注自身的发展，很少有多余的时间去关注别人的一切。当一个陌生人无端对男孩表现出特别的兴趣，就意味着陌生人是另有所图的，所以男孩一定要引起重视，不要轻易就与陌生人搭讪，更不要在与陌生人交流的过程中一时高兴，泄露私人信息。

常言道，人心隔肚皮，很多成人尚且会被身边的熟人欺骗和伤害，更何况是对于陌生人呢，尤其是男孩还不够成熟，缺乏社会经验，也不能准确知面识人，就更应该时刻保持安全意识，怀有警惕心理，才能不给坏人可乘之机。

记住，坏人的脑门上是没写字的。面对陌生人，男孩千万不要被陌生人表面的友善和热情蒙蔽，而要拥有火眼金睛，从表面现象看到本质，揭穿坏人的真面目。不管什么时候，男孩都要准确意识到自身的经验缺乏，才能保持警惕，而不要觉得自己长大了就沾沾自喜，所谓安全问题一定要警钟长鸣，也正在于此。

第08章

男孩爱上网，切记别在虚幻世界里迷失

　　随着网络的普及，越来越多的男孩更加密切地接触网络，甚至沉浸在网络的世界里无法自拔。不得不说，网络在给人们的生活带来极大便利的同时，也给人们的生活带来了很多的负面影响，尤其是缺乏自制力的男孩，更容易迷失在虚幻的网络世界里。只有拥有自制力，才能真正发挥网络的正面作用，而避免网络对生活的负面影响。

校园网贷，男孩不可不知的陷阱

经历了高三一整年简直能让人掉层皮的魔鬼复习，经历了黑色的六月，朱朱终于迎来了大学录取通知书。一直以来，朱朱都很勤奋，因为他知道家里穷，只能靠着刻苦学习来改变命运，通过考上大学实现鲤鱼跳龙门。进入大学之后，朱朱突然有一种失重的感觉，从此前的投身于复习，到大学生活的安逸悠闲，从农村来到了繁华的都市，不由得大开眼界，他也渐渐学会了享受和攀比。

眼看着除了自己以外全班同学都有手机，而且很多人的手机还都是名牌的苹果手机，朱朱感到自卑，想方设法想买一款苹果手机。然而，朱朱一个学期的生活费才两千块钱，就算不吃不喝也买不起苹果手机，而且他每个月四百元的生活费用原本也只能非常节省地花，才能保证温饱。为此，朱朱动起了歪心思。一个偶然的机会，朱朱看到校园里正在宣传网上贷款，不但不需要任何抵押和担保，而且利息也不高，还能延迟还款呢！朱朱怦然心动，几乎毫不犹豫就拿着身份证办理了贷款。贷款下来的那一天，他兴冲冲地就去专卖店购买了苹果手机。然而，等到朱朱想找兼职挣钱，以还清贷款时，才发现找兼职并非那么容易的事情，有一次朱朱还被人骗去了一百多元钱呢。朱朱未免心灰意冷，想趁着春节回家的时候再向父母多要些钱还贷款。

果然，一听到朱朱签了贷款，原本已经费了很大劲才为朱朱借来学费的爸爸，当即又去挨家挨户借钱给朱朱还贷款。把几千元钱交给朱朱的时候，父亲再三叮嘱："好孩子，听话，可不敢再借贷款了，凑够学费就已经很难了。而且，你买个这么贵的手机也不当吃，不当喝的，买个几百块钱的用用就行了。"朱朱拿着父亲给的钱去还贷款，这才发现在短短的半个多学期里，贷款早就已经涨了很多利息，而他的钱只够还利息，根本无法结清本金。朱朱懊悔不已，想把苹果手机卖出去还债，但是电子产品贬值很快，根本卖不了多少钱。朱朱再也不敢和爸爸要钱，只好四处打工，为此导致学习成绩一落千丈。然而，借的钱就像滚雪球一样越滚越大，一年之后已经变成了一万多。得知朱朱在外面欠下巨额贷款，爸爸情急之下病倒了，要债的人去了朱朱家里，还把来回的路费也算到朱朱的头上。很快，欠款超过两万元，朱朱后悔极了。全家人都被讨债的人搅和得不得安宁，最终，爸爸只得卖掉家里的房子，才能还清贷款。看着家里人无处容身，朱朱恨不得揍自己一顿。

近几年来，因为陷入校园网贷的大坑，导致学习不能继续、家庭生活也被扰乱，甚至还导致父母受到牵连和伤害的事件，时有发生。那么，到底什么是校园网贷？为何大学生很容易陷入校园网贷的大坑呢？一般情况下，校园网贷分为三种，一种用于大学生购物，一种用于大学生交学费和创业，还有一种是电商专门针对大学生推出的信用贷款。如今，大学校园再也不是单纯的象牙塔，大学生在进入大学之后，开销会马上增大，尤其是那些爱慕虚荣也喜欢攀比的大学生，更是会在物质方面极大膨胀。为此，一些不法分子就钻了空子，打着校园网贷的噱头，针对大学生放高利贷，欺骗大学生签订借款协议，由此陷入利滚利的噩梦之中。要想避免校园网贷的骗局，大学生一定要以学习为重，不要总想着与他人攀比，更不要处处爱慕虚荣。唯有把更多的心思用于学习，减少不必要的开支，大学生才不会被物质欲望驱使，做出失去理智的借贷举动。此外，如果大学生真的需要资金支持，那么一定要擦亮眼睛，选择正规途径和渠道，而不要陷入骗子的陷阱。曾经有大学生在借下几千元钱后，因为没有及时还款，导致欠债金额高达几万元，不但逼死了母亲，还导致骗子肆无忌惮去母亲的葬礼上捣乱和胡闹，不得不说，这是一出悲剧，也是不能再发生的惨剧。

大学生正处于学习的青春年华，一定要明确自己的目标，而不要被物质生活扰乱心智，做出错误的选择。追求更高品质的生活固然没有错，但是大学时期不是享受的时候，大学生一定要牢记初心，唯有在大学时期把学习搞好，掌握真才实学，大学毕业之后才能找到好工作，也才能得到优厚的报酬，为自己创造美好的生活。

网络交友，谨慎聊天不见面

子轩是个沉默寡言的男孩，性格内向，心思细腻，也因为害羞，与身边的同学没有太多的交集。然而，自从班级里开始有QQ群，子轩就喜欢上了网络聊天，躲在屏幕后面使他觉得很安全，他不但在班级群里很活跃，而且还喜欢与陌生人网络聊天。自从开始了网络聊天，子轩压抑的沟通欲望似乎得到了释放，每天一有时间就会和网友聊天，为此，有好几次连作业都没有完成。得知子轩因为网络聊天影响了学习，妈妈开始控制子轩的这种行为，并且规定子轩每个周末只能有半天的时间上网，还命令子轩卸载了手机上的网络聊天工具。

压制并没有让子轩有所收敛，反而使他更加迷恋聊天。他把聊天工具在手机上藏匿起来，当妈妈不在身边的时候，就争分夺秒地与网友聊天。一个偶然的机会，子轩认识了一个叫若雨的女孩。女孩告诉子轩，自己也是一名学生，也经常被妈妈批评，被妈妈禁止聊天。共同的话题让子轩和若雨很快熟悉起来，经过一段时间的相处之后，若雨还提出周末见面的请求。子轩原本想拒绝，但是若雨却嗔怪道："你还是个男生呢，怎么这么胆小，可不要被我这个女生瞧不起啊！"子轩男子汉的气概被激发起来，他不甘示弱，当即表示："见面就见面，谁怕谁啊！"就这样，子轩雄赳赳气昂昂地瞒着爸爸妈妈奔赴与若雨见面的地点，但是子轩左等右等，也不见若雨到来。在子轩等得不耐烦时，终于有个中年男性出现了。子轩还没来得及和中年男子说话，跟随而至的警察就把中年男子抓捕了。子轩不明就里，警察问子轩："你是在等若雨吗？"子轩很惊讶地反问："你们怎么知道？"警察说："别等了，他就是若雨，而且这个若雨已经欺骗了好几个男孩。你就庆幸吧，没有被他拐卖到大山里！"子轩得知事情的始末，不由得惊出一身冷汗。虽然他再三恳求警察不要通知他的爸爸妈妈，但是警察还是打电话让他爸爸妈妈赶到派出所，并且叮嘱爸爸妈妈一定要对子轩进行安全教育。

爸爸妈妈得知子轩差点儿落入人贩子的手中，全都大吃一惊，也惊恐万分。他们回到家里连饭都不吃了，全都围着子轩进行网络安全教育，再也不敢对子轩放任自流了。

如果不是警察及时赶到，对假冒的若雨进行抓捕，等待着子轩的还不知道是什么命运呢。一旦落入人贩子的手中，子轩就很难脱身，也无法再回到爸爸妈妈的身边，后果简直不堪设想。青春期男孩正处于身心快速发展的阶段，难免自我感觉良好，迫不及待想要脱离爸爸妈妈的管束，从而实现独立自主。殊不知，外面的世界远远没有男孩想象的那么美好和单纯，匮乏的人生经验也不足以支撑男孩识别很多坏人的真面目。尤其是在虚拟的网络世界中，每个人都躲藏在冷冰冰的屏幕背后，呈现出千篇一律的虚伪和矫饰，更容易导致男孩被别有用心的坏人欺骗。

　　要想杜绝被网络上的坏人欺骗事件发生，男孩就要谨慎地与网络上的陌生人聊天。其实，男孩身边就有很多值得交往的朋友，诸如同学、发小等，又为何要与网络上的陌生人聊天呢？如果真的遇到值得交往的陌生网友，也不要被对方的甜言蜜语欺骗，一定要坚决拒绝对方提出的见面请求，在与对方交谈过程中，也不要说起自己个人的信息和家庭情况。否则，坏人在暗处，而且对男孩的情况了如指掌，而男孩在明处，对坏人毫无戒备之心，就会处于很危险的境地。可以说，坏人是防不胜防的，男孩一定要对安全问题警钟长鸣。

　　看到这里，也许有男孩会问：如果有非要见面不可的理由呢？如果必须与陌生网友见面，那么就要征求父母的同意，并且在父母的陪同下奔赴约会。此外还要想到一点，那就是有的坏人并不是一个个体，而是犯罪团伙，有不止一个人，那么即使在父母的陪同下，也要把见面地点约在人多的公开场合，以利于呼救和脱身。总而言之，网络上的所谓朋友是靠不住的，与其让自己陷入被动之中，不如保护好自己，让自己占据主动。尤其是对于自称是异性的同龄人，男孩更要保持警惕，既然路遥知马力，日久见人心，男孩当然不能轻而易举就相信网络陌生人的自我介绍和三言两语。

网络的背后，是男孩不知道的惊天陷阱

自从险些被若雨骗到大山里之后，子轩收敛了很多，不敢再在网络上与人交朋友了。此外，他也严格遵守妈妈规定的每个周末半天的上网时间，改聊天为QQ游戏。为了避免子轩再被陌生网友欺骗，爸爸妈妈还提醒子轩玩网络游戏的时候不要与玩家交流太多，以免再次因为疏忽大意受到伤害。子轩再也不敢把爸爸妈妈的提醒当成耳边风，总是坚持不与陌生人交往的原则，因而表现良好，也让爸爸妈妈渐渐放心下来。

一天，子轩正在玩游戏，突然看到电脑屏幕的右下角跳出一个窗口不停地闪烁，子轩认真去看，发现原来是腾讯公司的系统消息。看完这则消息，子轩兴奋不已，原来消息上说因为子轩是腾讯游戏的忠实玩家，所以有资格参与抽奖，并且中了二等奖，是一台高档游戏机，还有六千元现金。当然，领奖需要在网络上填写相关资料。子轩兴奋不已，怎么也想不到这样天上掉馅饼的好事居然会轮到自己，为此，他赶紧哆嗦着手点开链接去填写资料。

填写资料到半途，子轩已经把自己的身份信息和家庭住址、联系电话等都填完了，这才发现需要交纳五百元税费和手续费，以及邮寄奖品的费用。子轩的压岁钱一直是妈妈代为保管的，为此他当即打电话给

妈妈，让妈妈给他五百元钱。妈妈很惊讶，不知道子轩要这么多钱做什么。经过一番询问，妈妈当即断定子轩又上当了，子轩不停地辩解："妈妈，这是腾讯公司的系统消息，不可能是骗子的，难道腾讯公司是骗子吗？"妈妈哭笑不得，向子轩解释："腾讯公司当然不是骗子，但是骗子却可以伪装成腾讯公司。如果你不相信我说的，你现在就去百度'腾讯中奖'，你就知道有多少人和你一样上当受骗了，只不过他们之中有很多人没有你这么幸运——有明智的老妈给你把关，真正被骗去钱的人也不在少数呢！"挂断电话，子轩当即去百度搜索妈妈所说的关键词，果不其然，有很多人都在网络上揭露这个所谓的"腾讯公司系统消息"的骗局，子轩惊出一身冷汗，也很懊悔自己泄露了家庭信息。

网络上的骗局层出不穷，可以说只有你想不到的，没有骗子做不到的。尤其是躲在屏幕背后，一切都变成虚拟，导致骗子行骗更加方便。在网络上聊天，男孩与陌生人交谈时要谨慎，更要坚决拒绝与陌生人见面的请求，在网络上玩游戏，男孩还要警惕随时随处冒出来的各种优惠信息、中奖消息，因为网络背后总是隐藏着惊天的骗局，只有小心防范，才能避免造成不可挽回的损失。

很多人都会遭遇网络骗局，别说是缺乏社会经验的男孩了，就算是成年人，也往往败在骗子的高明骗术之下。其实，骗子之所以屡屡得逞，并且以相似的骗术屡试不爽，就是因为人们太过于贪财，总想着不劳而获，再加上大多数能在网络上行骗的骗子都不是普通人，至少懂得一些互联网知识，计算机水平比普通用户更好，甚至有不乏精通计算机的高精尖人才，所以导致网络骗术更容易得逞。在这种情况下，男孩因为缺乏人生经验和社会阅历，导致甄别骗术的能力很差，因而更容易被骗。为了远离网络骗局，陷入网络背后的惊天阴谋，男孩一定要学习基本的网络常识，要始终保持警惕和防范心理。不管是对于陌生人打听私人信息，还是突然中奖，抑或是长久不联系的同学、朋友提出借钱的请求，都要第一时间提高警惕。如果对方是自称相熟的人，千万不要轻信屏幕上冷冰冰的文字，而要打电话向当事人核实情况，这样是否是骗局马上就能够揭晓。

当拥有自己的身份证号和银行卡号之后，男孩还要留心，不要在网络上随随便便填写个人信息。如今，很多骗术高明的人能够利用身份证号和银行卡号信息造出假冒的银行卡，或者利用网络黑客转移卡中的财产，不得不说，这是非常可怕的。诸如家庭地址等信息，也不要填写在网络上，否则很有可能被别有用心的骗子作为验证身份之用。当然，要想杜绝被骗，最重要的就在于不要贪图便宜。记住，这个世界上既没有天上掉馅饼的好事情，也没有不劳而获的美事情，男孩只要牢记这条原则，绝不带着占便宜的思想去贪便宜，那么骗子也就无计可施了。

骗子花样多，微信也能玩出花

自从独立上学和放学之后，妈妈就给子轩配备了手机。为了方便和爸爸妈妈、同学朋友联系，子轩还下载了微信。不过，前提是在学校里决不能把手机拿出口袋，更不能以任何借口看手机、玩手机。有了手机之后，为了怕好不容易争取来的手机被妈妈没收，子轩始终遵循着约法三章，从未在学校里玩过手机，即使在上学和放学的路上，为了保证行走安全，他也从未边走路边看手机。对于子轩的表现，妈妈很满意。

为了方便子轩偶尔买早餐或者学习用品，妈妈还给子轩的微信钱包里转了一百元的红包。有一天，子轩正在家里写作业，突然接到一个同学的微信消息。消息里，同学说自己正在书店买书呢，却发现忘记带钱了，希望子轩能借给他五十元钱。子轩当即给同学转了五十元的红包，然而，才隔了半个小时，同学的群发短消息就来了："各位同学和朋友，我的微信不小心被盗用，如果有人向你们借钱，千万不要相信，更不要转账，不管他是借几块钱还是借几十块钱，那都不是我。"收到这条短消息，子轩当即给同学打电话，这才知道同学的手机不小心遗失在理发店，等到找回的时候，就接到好几个同学的电话，问他为何要借钱。这样，他才知道自己的微信被盗用了，因而当即紧急在群里发短消息，提醒不知情的同学和朋友不要上当。子轩简直欲哭无泪，说："我的早饭钱啊，你怎么不看好手机呢！"同学也很无奈："子轩啊，你怎么不打电话问问我啊！哎，我只能请你吃早饭了。"

晚上爸爸妈妈下班回家，子轩把事情的经过讲给爸爸妈妈听，妈妈说："子轩，你真的要提高警惕了。你现在虽然能很好地防范知道的骗局，但是对于不知道的骗局，你可是一点防范能力也没有。为了快速提升安全意识，你还可以看一些关于网络骗局的报道，这样虽然没有亲身经历，也算是开阔眼界，对于你小心防范是有好处的。"说完，妈妈还给子轩和爸爸讲道："现在的骗子真是无所不用其极，一点点空间都能钻进去行骗。我们办公室里的小刘，前几天正上着班呢，突然收到自称是学校老师的短信，说他家孩子路上被车撞了，现在正在医院抢救，马上就需要三万元押金。一看到这个短信，小刘立马就急疯了，当即就要转账。我们阻止她，她哭着说孩子在抢救，一秒钟都不能耽误。我们好不容易才劝阻了她，让她先打电话去学校问。结果，班主任老师说孩子正安安稳稳坐在教室里上课呢，她刚刚挂断电话，她老公的电话就打过来了，也说孩子被车撞了。"爸爸听完说："这肯定是孩子在学校里的信息被泄露了，所以才会被坏人钻了空子。总有的家长太着急，来不及核实情况，尤其是一想到孩子危在旦夕，立马先转钱救孩子。"子轩气愤地说："这些骗子简直太可恶了，怎么能这么骗家长呢？"妈妈语重心长地对子轩说："所以说，现在的骗子无所不用其极，咱们每个人都要小心防范，才能避免上当受骗。你虽然被骗走五十元钱，但是长了个教训，多了个经验，也算值了。幸亏我只给你转账一百，不然损失就更大了。"

　　如今的骗子太能钻营了，不仅有电话诈骗、网络诈骗、QQ诈骗等，微信也冒出来新骗局，而且花样层出不穷。既然骗子已经把触角伸向了每一个角落，作为男孩，也应该把防止上当受骗的盔甲武装到牙齿。作为父母，除了系统地培养男孩的安全意识，教会男孩自我保护的技巧之外，也要与时俱进，把看到的最新诈骗新闻讲给男孩听，还可以一家人讨论防骗招数，从而把防骗工作做到极致。

　　在信息时代，发达的通信给每个人的生活带来了便利，也给骗子行骗带来了便利，更因为信息的即时到达，使得骗子利用人们的急迫心理打起了时间差，故意不给人时间去求证，如此一来，骗子更容易得逞。男孩应当保持与时俱进，才能成功揭穿骗术，保护自己的人身安全和合法利益。

远离网瘾，网络游戏适度玩

自从远离聊天，玩起了网络游戏，一开始子轩还能合理控制时间，只在妈妈规定的时间里玩游戏，但是随着越来越沉迷于网络游戏，子轩简直吃饭睡觉都想着玩游戏，根本没有心思学习和写作业了。妈妈不让他玩，他就偷偷拿着零花钱或者把吃早饭的钱省下来，去学校外面的网吧里玩。眼看着子轩不思进取，学习成绩一落千丈，妈妈不由得心急如焚。

暑假来了，子轩如释重负：终于可以不用学习，而能专心致志地玩游戏了。因为爸爸妈妈每天都上班，安排子轩在家里写作业、看书、看电视，每天玩一个小时的网络游戏，所以子轩一旦等到爸爸妈妈离开家，就只顾着玩游戏，连妈妈为他留好的午饭都顾不得吃。等到妈妈下班回来看着锅里冰冷的饭，问子轩为何没吃饭，子轩总是说："我不饿，不想吃。我这么胖，该需要减肥了。"妈妈觉得子轩的确有些太胖了，所以对子轩不吃午饭压根没放在心上。然而，转眼之间，一个多月过去，还有十天就开学了。妈妈以为子轩的暑假作业都写完了，所以还特意安排子轩去上海迪士尼玩。子轩高兴极了，从迪士尼回来特意向妈妈申请："妈妈，还有几天就开学了，这几天就允许我随便玩游戏吧！"妈妈想想也是，因而提醒子轩："游戏可以玩，但是要休息眼睛，小心近视了，每玩半个小时要至少休息十五分钟，如果连续玩一个小时，就要休息一个小时以上。"子轩对妈妈的一切要求都答应下来，就这样，子轩光明正大玩到开学报到前一天晚上。

次日，子轩去学校报到还没回家，妈妈就接到了老师的电话："子轩妈妈，你家是有老人生病需要子轩陪床吗？"妈妈很惊诧："没有啊，我家老人都在老家，身体好着呢！而且就算真的生病，也不能让子轩陪床啊！"老师听完之后冷笑两声，说："既然如此，那你就问问子轩为何暑假作业一个字都没写吧！这个孩子以前不是这样啊，这次不知道怎么了。我觉得如果忘记一项是可以谅解，可是这样一个字都没写是不能原谅的。你还是赶紧问问子轩吧！"听了老师的话，妈妈简直如同遭遇晴天霹雳。正如老师所说，子轩一直都是个听话的孩子，这是怎么了呢！妈妈忍不住火冒三丈，当即就从单位请假赶回家里，子轩刚刚进门，妈妈就歇斯底里地发作了。原来，子轩一个暑假都在玩游戏，根本无心写作业，而且他满脑子都是游戏，根本无法控制自己。妈妈这才发现原来子轩对于游戏已经如此痴迷了，忍不住落泪："你这个孩子以前不是这样的，现在怎么会这样呢！"为了帮助子轩戒除网瘾，妈妈想出了各种各样的办法，却都收效甚微。最终，妈妈不得不求助于心理医生，并且向心理医生咨询能否把子轩送到戒除网瘾的学校里。心理医生说："作为父母，你们都要放弃孩子了，您觉得戒除网瘾的学校是万能的吗？我倒是建议您千万不要放弃孩子，实际上孩子有网瘾是心理异常的表现，你们要用爱温暖孩子，融化孩子，否则孩子就会越来越冷漠，就像成人吸毒一样最终失去理智，甚至做出过激的举动。"心理医生的话让妈妈对于网瘾的认知上升到更高的层次，原本她只以为网络成瘾是因为缺乏自控力，现在看来子轩之所以变成如今的样子，与他们对于子轩的疏于管教和关心不够是密不可分的。妈妈决定无论如何都不放弃子轩，要陪伴子轩度过这段最艰难的时期。

　　如今的孩子压力很大，尤其是在步入青春期之后，他们不但面对着身心快速发展与荷尔蒙大量分泌给自己带来的困惑和不适，而且还要兼顾艰巨的学习任务，所承受的巨大压力和辛苦是可想而知的。随着年纪的增长，青春期男孩还会越来越疏离父母，觉得自己不能再像小时候一样有任何问题都要向父母倾诉了，为此他们也变得更加孤独苦闷。在这个特殊的阶段，男孩很容易依赖网络，尤其是很容易玩网络游戏上瘾，以此消除内心的压力，排遣郁闷的情绪。殊不知，一味地逃避根本不能解决问题，而面对问题百出的男孩，父母更应该采取正确的态度积极面对，这样才能给予男孩适度的关爱和照顾，温暖男孩的心灵。

很多细心的人会发现，沉迷于网络游戏的男孩与外界的沟通和互动很少，而且因为网络游戏中往往充斥着暴力和血腥，所以男孩还会潜移默化受到影响，也使自己变得冷漠。一切负面的影响都会让男孩陷入恶性循坏之中，当发现男孩有沉迷网络游戏的端倪时，父母一定要及时帮助男孩，例如可以开展丰富多彩的家庭集体活动，鼓励男孩更多地与同龄人交往，或者循序渐进减少男孩的上网时间，以激励的方式让孩子渐渐形成自控力，更善于约束自己。这样一来，男孩就能避免因为被禁止而更加疯狂地玩网络游戏，记住，主动会让男孩更有自律力，所以父母在引导男孩时一定不要居高临下伤害男孩的自尊，而要给予男孩更多的自主空间发挥主动性，这样反而能起到更好的效果。当然，不管是自制力还是自律力，都并非朝夕之间形成的。父母还要有耐心，等待男孩心智渐渐成熟，而不要在不适宜的时机盲目禁止和限制男孩，否则只会事与愿违。当男孩从父母那里感受到温暖和正面积极的力量，从现实生活中捕捉到更多幸福和快乐的瞬间时，他们就能逐渐主动摆脱冷冰冰的网络，也能够真正成为自身的主宰。

面对网络黄毒，戴好防毒面具

在爸爸妈妈的爱与关心下，子轩终于战胜了网络游戏的瘾，渐渐地步入生活的正轨。爸爸妈妈就像打了一场硬仗一样，感到身心俱疲。妈妈更是感慨地对爸爸说："养育健康快乐的孩子真难啊，我简直累得都要虚脱了，尤其是精神紧张，让我简直疲惫不堪。"爸爸也深有感触，非常认同妈妈的感受，安慰妈妈："最近应该不会再有什么意外了，先放松一下，养精蓄锐，等着再战吧！"妈妈不由得笑起来，说："你这么一说，我倒真觉得是在打仗了。"

一个周末，子轩陪着爸爸妈妈一起看电视。在一档新闻节目中，说起一个十六岁初三学生，因为经常浏览黄色网站，居然深陷网络黄毒无法自拔，最终一时冲动，强奸了邻居家年幼的女孩，因此被判刑。看到这个新闻，子轩很困惑，问爸爸："爸爸，什么是网络黄毒？"坐在一旁的妈妈马上挺直腰杆，面色凝重，明显变得紧张起来，有些不知所措地看着爸爸。爸爸似乎看透了妈妈的担心，安抚妈妈说："该来的总会来，孩子不可能在真空中长大，这次就让我们主动出击，给孩子戴好防毒面具吧！"说着，爸爸就对子轩展开了网络黄毒的知识普及，子轩也从对网络黄毒一无所知，到了解了网络黄毒，并且深知网络黄毒的危害。

爸爸语重心长地对子轩说："子轩，你已经进入青春期，所以不但长出了胡须，体毛也变得浓重。接下来，你还会发现自己的身体呈现出很多变化，不过你不要惊慌，因为这些变化都是身体发育的正常现象。当这些变化全都完成，你也就变成了真正的男人。等到你考上好的高

127

中，再顺利升入大学，毕业参加工作了，如果遇到心仪的女孩，就可以享受美妙的爱情。但是，现阶段你最重要的任务是认真学习，否则一旦分心，误入歧途，影响了学习，整个人生都会改变。就像刚才新闻里的男孩，如果不在网络上看各种黄色网站，而是能够专心学习，那么几年之后就可以尽情享受爱情，还拥有美好的未来，对不对？"子轩若有所思地点点头，说："爸爸，那么如何避免网络黄毒呢？"爸爸说："你放心，咱们家的电脑上我已经安装了最高级别的防火墙，那些有黄毒的网站都被过滤掉了。不过，网络黄毒还是防不胜防的，如果你在玩游戏或者浏览网页的时候看到不好的内容，避免点开网站即可。如果你因为好奇心点开网站，电脑就会中毒，你的心灵也会中毒。还记得咱们全家人经历了多少辛苦才帮助你戒掉网瘾吗？网络黄毒比网瘾更严重，更厉害，因为网络黄毒还会驱使人做出违法乱纪的行为，甚至导致人生都被毁掉呢！"对游戏瘾依然心有余悸的子轩当即表态："爸爸，放心吧，请你和妈妈信任我，我不会从一个火坑里出来再跳入另外一个火坑的，我一定要好好学习，考上好大学！"爸爸高兴地点点头，对妈妈说："咱们儿子好样的！"

很多父母都会犯讳疾忌医的错误，因为担心孩子过早地接触性知识导致不良行为发生，所以就避免向孩子讲述性知识，也不愿意对孩子开展性教育。难道孩子成长的规律会被父母的故意逃避而发生变化吗？明智的父母知道，与其等到孩子自己误打误撞在性教育的道路上误入歧途，不如预先对孩子开展性教育，从而避免孩子走上弯路。对于网络黄毒，也是同样的道理。为了避免孩子接触网络上的不良信息，父母会偷偷在电脑上安装防火墙和过滤软件，殊不知，网络黄毒就和网络骗局一样无处不在，与其等到孩子真的出问题了再被动应对，不如趁着孩子还在正道上，就对孩子进行引导，这样反而能够占据主动，也会使对孩子的教育起到更好的效果。

青春期的孩子不但与网络密切接触，身边相处的人也会越来越多，越来越复杂。尤其是在与同学和朋友相处时，他们也会有自己的人际圈子。与其让孩子从同龄人那里得到不好的引导和负面的影响，父母不如主动出击，向孩子普及性知识，引导孩子正确面对随着青春期的到来而出现的身体变化和性欲萌动。尤其是要告诫孩子网络黄毒的危害，从而帮助孩子主动避开网络黄毒，健康成长。记住，孩子的成长规律和进程，是不以任何人的想法和意志为转移的，父母不明智的逃避就像纸里包不住火一样，只会耽误孩子的健康成长，也会导致孩子的人生面临更多困境。凡事与其等到亡羊补牢，不如未雨绸缪，防患于未然，这样不但占据主动，也能更好地起到避免恶劣后果的作用，可谓一举两得。

第 09 章

放学回家快快走，人身安全多注意

　　通常人们以为，男孩总是比女孩更贪玩。因而在到达一定年纪开始独立上学和放学之后，男孩一定要养成按时回家的好习惯，这样才能有效避免上学和放学路上的危险。有些危险来自于陌生人或者意外，有些危险则是因为男孩贪玩，与他人玩得乐不思蜀了。总而言之，安全问题一定要警钟长鸣，父母也不要因为觉得男孩终于可以独立上学与放学，就对男孩的安全问题彻底放心和放手了。

独立上学和放学，路上安全要注意

自从三年级过了十周岁生日开始，小北就吵闹着自己上学和放学，不想再让爷爷送了。然而，妈妈坚决不同意，理由是从家里到学校尽管只有十几分钟的路程，但是要经过好几个路口，而且还都是十字路口，又因为路上人很多，所以妈妈无论如何也不放心让小北独立上学和放学。就这样，又过去一年，转眼之间，小北已经是五年级的小学生了。班级里有很多孩子都独立上学和放学，还有几个同学家住得比较远，也是自己搭乘公交车。这次，小北郑重其事地告诉妈妈："妈妈，我必须自己上学和放学，否则我就要罢学。"妈妈当然不是因为受到威胁才答应小北的请求，而是觉得小北的确长大了，也该尝试着走出爸爸妈妈、爷爷奶奶的保护圈，独自面对生活。为此，妈妈答应了小北的请求，不过妈妈让小北首先必须打起十二分的精神来，学习如何过马路，走人行道。尽管小北说自己已经学会过马路了，妈妈还是不放心，依然陪着小北独立上学放学一个星期，这才放心地放手。

很多老司机都知道，一个人即使驾驶技术再高，也不能保证安全无事故，这是因为马路上情况复杂，老司机可以保证自己遵守交通规则，却无法保证其他司机也能完全遵守交通规则。所以很多交通事故未必是双方的错误，而是由事故一方不懂交通规则，肆意横行导致的。这不，小北这天放学后在经过十字路口时，明明是看到绿灯才快速通过的，却没想到半路杀出一辆电动车，撞倒了他。小北当即觉得小腿很疼，因而坐在地上直叫唤。电动车也摔倒了，看到撞倒了孩子，赶紧拨打110和120，又通知了小北的妈妈。听说小北被电动车撞了，妈妈当即放下工作火速赶往现场，比警车和救护车都更快到达。看到小北不能站立，妈妈意识到有可能是骨头出了问题，感到非常担心。被120救护车送到医院检查，果不其然，小腿骨裂了。还好不严重，妈妈当即长嘘一口气。后来，妈妈和小北分析事故原因，尽管小北完全遵守交通规则，没有任何错误，但是妈妈郑重其事地告诉小北："你只负责自己走好路是没有用的，因为道路是公用的，总有人抱着侥幸心理闯红灯，所以即使看到是绿灯，在快速通过之前也要观察周围的环境，而不要闷头朝前冲。否则，不管是谁的责任，一旦受伤，受罪的还是你自己。"小北觉得妈妈的话很有道理，又联想到爸爸开车总是小心谨慎，因而恍然大悟："难怪爸爸开车的时候总是左看看右看看呢，原来是为了防范别人啊！"爸爸听着小北夸张的语气不由得笑起来，说："你以为呢，难道我是左顾右盼看美女吗？"有了这次教训，小北再过马路的时候就更有经验了，也再没有出过任何事故。

　　独自上学和放学的路上，发生的交通事故和意外伤害的概率，比遇到坏人的概率更大。尤其是在大城市，道路上非常繁忙，车辆很多，而每个人又因为生活的紧张忙碌而行色匆匆，完全失去了慢节奏。青春期男孩尽管看起来人高马大，实际上心智还不够成熟，想问题也不够全面，所以很容易因为疏忽或者冲动而导致意外发生。因而，青春期男孩一定要认识自身不足，要把很多糟糕的事情想在前面，这样才能提前做好准备，防患于未然。

不仅仅是过马路，有些男孩还会因为火暴脾气，在路上与人发生矛盾和纠纷时，导致事态恶化。如果青春期男孩脾气很火暴，而且会忍不住爆粗口，那么一定要提醒自己逞口舌之强非但不能解决问题，还会导致事态恶化，从而努力控制自身的情绪，成为情绪的主宰，也避免因为激动和冲动而给自己招来麻烦。

总而言之，男孩习惯了在家庭和学校中生活，因而很容易因为生活过于顺遂，而不能理智处理好道路上发生的突发情况和意外状况。唯有随时随处提醒自己保持情绪平静，并且不要因为着急变得慌乱，才能处理好道路上的情况，避免自己深陷危险之中无法脱身。

井盖不要踩，危险不会来

有一天放学比较早，小北与几个顺路的同学结伴而行朝着家里走去，当经过一段人比较少的道路时，有个同学突发奇想，提议大家比赛踩井盖，看看谁能踩到更多井盖。这个提议很新鲜，马上得到了大家的一致拥护和响应。随着一声令下，小北和同学们全都争先恐后去踩井盖。正当大家玩得不亦乐乎时，忽然听到一声惨叫。原来，李琦不知道为何掉到深井里了。

小北和同学们赶紧过去查看情况，只听到李琦在深井里不停地哀号，撕心裂肺地哭着。同学们都慌了，小北想起自己上次被电动车撞倒之后，撞他的人打了110和120，因而也灵机一动，给110和120都打了电话。因为不知道李琦父母的电话，李琦又哭得说不出话来，小北只好先给妈妈打了电话。妈妈一听说李琦掉入深井，赶紧联系老师。老师第一时间赶赴现场，又通知了李琦的父母。李琦父母上班的地方都比较远，当他们赶到的时候，李琦已经被从深井中救出来，火速送往医院了。经过医生的一番检查，发现李琦胳膊骨折，而且头上也撕裂了一个大口子，需要缝合七八针。老师特意把李琦的样子拍下来，次日带到教室里给前一天比赛踩井盖的同学以及其他同学看。老师告诫同学们："孩子们，上学和放学的路上都有可能发生危险，要想避免危险发生，除了要有交通意识和安全意识之外，还不能做出狂妄的举动。道路上原本就有车经过，应该在道路一侧贴着边行走，但是这几个同学却突发奇想踩井盖。殊不知，井盖下面是空的，而且井盖是否牢固，仅仅根据肉眼的观察根本看不出来。李琦就是因为踩踏了一个松动的井盖才坠落井底，导致严重受伤的。耽误学习不说，最重要的是人也受罪了，头上缝合了七八针，眼睛肿得都睁不开了，还要打破伤风的针预防感染。此外，胳膊也骨折了，没有三个月根本不能初步恢复，要想完全复原，至少要半年到一年的时间，简直损失惨重。希望你们都从这件事情中汲取教训，不管在哪里，都要避着井盖行走。如果道路上有报纸或者纸板等东西覆盖，也最好绕道而行，因为你不知道覆盖物下面是什么状况，明白了吗？"同学们看到照片上李琦狼狈的样子都很惊讶，因而全都认真地把老师的话听到耳朵里，记在心里。

　　老师说得很对，对于覆盖物下面的情况，因为根本无从了解，所以盲目地踩踏在覆盖物上面，可能就意味着危险。尤其是在上学与放学的路上，本来就车多人多，如果贪图玩耍，不注意避免危险，那么很容易弄伤自己。李琦掉落井里造成了严重的伤害，不但身体上要承受病痛，精神上也会留下阴影。此外，小学高年级阶段学习任务紧张，一旦落下大量功课，想追赶上正常进度也是很难的。所以男孩一定要尽量避免意外伤害，尤其要避免无谓的伤害，否则就会给生活和学习都带来很大的麻烦，也导致自己陷入困境之中。

踩踏井盖的危险主要在于坠落，如果井盖下面有尖锐的东西，一旦坠落，还会刺入身体，甚至危及生命。所以在不明情况时，男孩一定要绕开井盖和地面覆盖物。当男孩与同伴们在一起玩耍时，往往会比较兴奋，甚至失去理智，因而做出冲动的举动。那么当人多兴奋时，男孩一定要注意，不要因为同伴的话就失去理性，变得狂妄自大。要知道，只有自己才应该对生命安危负责，其他人不管说什么，都不要冲动。很多事情一旦发生，如果导致恶劣的后果，再想挽回就很难了。青春期男孩原本就爱冲动，也会因为顾及面子问题而刻意表现出勇敢。殊不知，真正的勇敢不是匹夫之勇，不是盲目地在同龄人面前逞强。父母一定要培养男孩对于生命的敬畏，教会男孩爱惜生命，更要在对男孩开展安全教育时，告诉男孩很多危险的举动有可能引起的严重后果。唯有把安全教育做得面面俱到，男孩才能最大限度地保证自身安全，也才能避免因为无知伤害自己。

贪小便宜吃大亏，不占便宜不吃亏

一天放学，小北慢慢悠悠地在路上走着，突然发现路边有很多人都聚集在一起，似乎人群之间有什么好玩的东西，因为小北听到人群时不时地就会发出惊呼声。小北的好奇心一下子就被激发出来，也赶紧背着书包朝着人群里钻去。钻入人群，小北才看到人群之中有个大转盘，转盘上标注着各种奖项。好几个大人都排队正在玩转盘呢，小北也怦然心动。他倒是不奢望能中转盘上的大奖，只要能中个一百块钱的小奖，他就很满足了。小北一边这么想着，一边暗暗打着小算盘："我的口袋里有二十元钱，五块钱转一次，转四次的话，我至少也能中一个小奖吧，那我就能赚到八十块钱，也就有了一百块钱，这可是我两个月的零花钱啊，而且可以当作私房钱，不用交给妈妈！"想着想着，小北的嘴角不自觉地浮现出微笑，甚至觉得自己已经小奖在望了。

小北情不自禁地把手伸进口袋里，死死地捏着二十元钱，似乎需要通过指头的力量来给自己鼓劲。最终，小北下定决心拿出二十元钱，豪爽地对老板说："老板，我要转四次。"小北上台了，非常郑重其事地双手合十祈祷，围观的人都被小北逗得笑起来。小北开始旋转，一直转了四次，都没有转到任何奖项。看着自己半个月的零花钱就这样打了水漂，小北感到心疼不已，恨不得让时光倒转，然后一定要守住零花钱。

回到家里，小北懊丧不已地讲述了自己的经历，想让妈妈能给自己弥补一些损失。不曾想，妈妈生气地说："你这个孩子怎么变成财迷了呢！"小北为自己辩解："我这是投资好吧，要是转中奖励，现在岂不是有了一百元么！"爸爸不禁笑起来："小北啊，贪小便宜吃大亏这句话你听说过吗？你还算幸运，只是花了二十块钱就买了这个教训。"
小北委屈得泪花闪闪，爸爸继续说："小北，世界上没有免费的午餐，
也不可能有从天上掉馅饼的好事情。爸爸妈妈的每一分钱都是辛苦赚来
的，你怎么还想不劳而获呢，咱家可没有这样投机取巧的传统。你看看
每天彩票售卖点有多少人买彩票，但是真正中大奖的人又要多长时间才
会有一个两个呢！所以那完全是赌博，不是投资，你今天的行为也是赌
博，而不是投资。因为你完全是冲动的，没有付出任何努力，就想以小
博大。你受到这样的教训也好，否则有些大人还因为想要不劳而获而上
当受骗呢！"小北更懊悔了，爸爸说："记住，贪小便宜吃大亏，不贪
便宜不吃亏。"小北用心思考着爸爸的话，很久都不吱声。

爸爸说的话很有道理，越是爱占便宜的人，越是容易吃亏上当，是
因为他们的眼睛里只看到利益，所以在需要理智思考从而做出取舍的时
候，他们也只看到利益，且被利益蒙蔽了眼睛和心灵。对于小北而言，
假如他能意识到大转盘是个骗局，自然就不会上当受骗了。遗憾的是，
当利欲熏心的那一刻，他想到的只是自己能用二十元钱换取一百元钱，
这样就轻轻松松赚取了八十元钱。对于小北而言，上当受骗也就成为必
然。最终，妈妈不会给小北补偿零用钱，而是要让小北独自承受损失，
也意识到盲目贪图利益的后果。

人总要学着长大，尤其是男孩随着不断成长，更要离开父母的保
护，独自面对这个世界。常言道，吃一堑长一智，男孩也会在一次又一
次的吃亏上当中渐渐成长，领悟到生命的真谛和做人做事的原则与底
线。相信经历过这次教训，当小北感觉到自己要不劳而获或者天上将要
掉馅饼时，一定会更加小心谨慎，而不会轻而易举就只想着利益，而完

全忘记了风险。从本质上而言，要想避免上当受骗吃大亏，就一定不要企图占便宜。只有脚踏实地地努力，辛辛苦苦地奋斗，一点一滴地积累，每个人才能真正有所收获，也才能活得从容洒脱。其实，不仅孩子喜欢占便宜，很多成人同样喜欢占便宜。爱占便宜是一种很不好的行为习惯，一旦占便宜惯了，人们就总想着占便宜，渐渐地也变得懈怠，甚至不愿意努力。从习惯养成的角度而言，男孩也应该养成一切靠自己的好习惯，才能坚持打拼，绝不松懈。

让小偷主动远离你

学习成绩只占中等的小北，初中毕业后没有考上重点高中，而是去了一所师范院校学习，上了五年一贯制的专科。也许是因为男孩成熟比较晚吧，真正开始了师范院校的学习，小北才意识到自己作为男人不能就这样甘心于毕业后当一名小学老师。这不是说小学老师不好，而是说小学老师每天和孩子打交道，是个不折不扣的孩子王，不利于小北实现自己的宏伟志向。为此，在初步适应师范院校的学习后，小北就报名参加了自学考试，想要专科和本科一起毕业。

自学考试是很艰苦的，每年开考两次，小北都坐着公交车、背着复习的书本去考试。这不，小北刚刚参加完自学考试，站在公交车上回学校。突然，他感觉到自己的背包里有异常的响动。公交车后排就坐着小北师范院校的老师，他们是被抽调去给自学考试监考的。显而易见，他们把小偷打开小北背包的一切都看在眼里，但是却没有任何人提醒小北。小北当然知道自己的背包里只有几本书，但是小偷是不到黄河不死心，还以为小北的背包里有什么东西呢。为了让小偷死心，小北拿出手机假装给同学打电话。小北假装对同学实际上是对小偷说："哥们，有钱吗？借给我点儿呗。我跟你说我有多么惨，今天去参加自学考试，付完了来回公交车钱，就只有十块钱了。你就借我一百块钱吧，我要靠着这一百块钱度过下半个月，每天也就只能馒头咸菜。你要是不帮我，我可就饿死了，谁让我上次被小偷搜刮一空了呢。我可不敢和我妈要钱，她要是知道我遭遇了小偷，又得批评我粗心大意。不过这下子好了，小偷偷我十遍也没关系，我仅有的十块钱还忘在宿舍了，哈哈！"小北说完，得意地挂断电话，当然，他也不忘把电话放在胸口贴身的口袋里，要是手机被偷走可就麻烦了。果然，小偷听完这番话就放弃了继续搜刮小北的背包，小北呢，等到小偷下车了，有些不满地看了看坐在后排的本校老师，然后又故意以夸张的动作把背包取下来，把拉链拉好。

小北很聪明，他不想和小偷发生正面冲突，因为虽然公交车后排就坐着本校的老师，但是从他们对于小偷的恐惧和忌惮来看，他们根本不会帮助小北。所以小北灵机一动，以假装打电话的方式告诉小偷自己是个没钱的穷学生，而且此前已经被小偷搜刮过一次，所以现在身无分文。这番话其实也是在告诉后排的老师们，他早就感觉到小偷的猖狂，不过根本没对他们抱有希望，更不指望着他们能对他伸出援手。果然，小偷在接受到小北故意传播出来的讯息后，乖乖地走开了。小北达成目的，获得了胜利。

当遇到小偷的时候，马上惊慌地喊叫起来也许会刺激小偷，导致小偷做出过激的举动。最适宜的办法就是以各种暗示的方法告诉小偷自己没钱，让小偷主动离开，或者也可以装作不知情地把背包转移到身前来，毕竟小偷就是小偷，很少会当着全车人的面变身为劫匪。当把背包转移位置，小偷也就会知难而退，再也不心存妄想。

提醒小偷的方式有很多，在不想与小偷发生正面冲突的情况下，让小偷知难而退或者彻底死心是最好的方法。为了保证人身安全，男孩不应该不假思索地与小偷纷争，而是要开动脑筋，以最合宜的方式给予小偷警告。记住，任何时候，生命都是第一位的，只有生命安全有了保障，一切行为和努力才有意义。青春期男孩很容易陷入冲动之中，更要在危急或者意外情况发生的时候，以智力取胜，而不要有勇无谋。有的时候，即使在人多的公开场合，也未必能得到帮助，所以男孩也不要因为有其他人在场就对小偷肆无忌惮。常言道，光脚的不怕穿鞋的，小偷能冒险走上偷窃的道路，总是有原因的，他们往往对于人生抱着破罐子破摔的态度，个别小偷还会穷凶极恶，铤而走险，这是不得不防备的。所谓有备无患，又所谓知己知彼，百战不殆。每个男孩都应该对成长有更多的准备，对各种突发情况做出预案，这样等到事情发生的时候才不至于感到手足无措，而能做出最好的选择和最圆满的决定。

遇到坏人，不是什么话都能喊

网络新闻报道，一个男孩趁着暑假在父母所开的小饭馆里帮忙。有一天，男孩去附近的小区里送餐，遇到一个吃霸王餐的，不愿意付钱给男孩。男孩很生气，想要忍气吞声离开，却又不甘心，因而恶狠狠地对点餐的人吼道："你等着，我回去就打110报警，我也知道你家的地址，你就等着警察来找你吧！"结果，让男孩万万没想到的是，这个房间里躲藏着的是一个在逃的杀人犯。原本，杀人犯只是没钱付饭钱，想把男孩赶走，但是男孩的这句话却让他起了杀心，他当即恶狠狠地想道："奶奶的，老子已经杀人了，还怕再多杀你一个吗！"这么想着，杀人犯当即把男孩拽到屋子里，残忍地杀害了。

男孩为何会被杀害呢？其实，尽管他面对的是一个杀人犯，但是这个杀人犯是在逃的，如同惊弓之鸟，只想把自己隐藏起来，不想再招惹祸端。正是男孩最后那句为了解气或者泄愤不计后果说出来的话，让杀人犯顿生歹意，结果把男孩残忍地杀害了。如果男孩能够隐忍一些，即使真的想报案，也不要当着对方的面说出来，那么就能逃脱厄运。

曾经，有个女孩因为上了黑车，结果被司机拉到荒无人烟的地方强奸了。原本，司机只想发泄兽欲，没想着要杀人，但是没想到正当司机准备放女孩走的时候，女孩恶狠狠地说："我记住你长得什么样子了，我肯定要去报案，让你下半辈子都在牢房里度过。"正是这句话，让司机改变了主意，把女孩残忍地杀害了。女孩实在太单纯，所以才会在已经遭到伤害之后，给自己再招来杀身之祸。在当时的情况下，女孩最恰当的做法是示弱，从而帮助自己顺利逃脱，否则性命还把握在他人的手中呢，还有什么资格谈及报仇呢！生活之中，很多人都喜欢逞口舌之强，不管遇到什么事情，第一时间就先想到泄愤，而丝毫没有意识到先要自保，才能有机会想报仇的事情。

如果你曾经对犯罪有过了解，那么就会发现在诸多犯罪案件之中，有很多犯罪都是激情犯罪。也就是说，罪犯原本并不想把事情做绝，是因为受到被害者的威胁，为了自保，才做出非常极端的举动。毋庸置疑，每个人都希望自己一切都很顺利平安，而根本不想让自己面临危险。但是很多事情都不是以人们的意志为转移的，尤其是危险和意外更是防不胜防。当危险真正发生时，一定要保持清醒和理智，压抑住心中的恐惧和怒火，这样才能以智谋解决问题。

对于那些突如其来的危险情况，一定要记住"四喊三慎喊"的原则。具体而言，四喊指的是当自信能够战胜和制服对方的时候喊，当然在做出这个判断的时候要保持谦逊，不要盲目乐观或者高估自己的实力。当身边有帮手的时候，可以喊叫。在人多的场合，可以喊叫。当警察就在不远处执勤时，可以喊叫。当情况不属于可以高声喊叫的范围，就要更加慎重，也要意识到很多情况下喊叫非但不能解决问题，反而会激怒坏人，导致坏人做出过激的举动，而伤害到你。所谓三慎喊，指的是当在人少偏僻的地方，一个人面对坏人且自感不敌的时候，慎重喊叫。当感觉到危险越来越迫近的时候，慎重喊叫。当感到歹徒穷凶极恶且无所顾忌的时候，慎重喊叫。在这三种危急情况下，你都要以斗智斗勇为优先，千万不要盲目高声喊叫，否则，不但无法为自己争取到救援，反而会让坏人彻底破罐子破摔，无所顾忌地伤害你。

尽管有很多面对坏人的预案，可以在危急情况发生时提供参考和选择。但是，对于每个人而言，防患于未然，总比等到事情真正发生了再追悔莫及来得好。男孩尽管比女孩强壮，可是在自我保护方面也要警钟长鸣。例如，不走人少偏僻的小路，不在外面露富招致坏人的注意，不要一个人独行，而是尽量与同学结伴而行，不与他人单独进入封闭的场所等，这些对于男孩有效保护自己都是很好的建议，男孩应该遵守，而不要仗着自己身强体壮就不以为然。很多坏人同样身强体壮，而且因为他们有很多行凶作恶的经验，所以往往是很难对付的。当然，男孩平日里也要多多观察，处处留心。实际上，虽然坏人的脑门上没有写字，但是坏人还是有一些特征的。例如在公共交通工具上，大多数乘客落座之后都会老老实实看着自己的眼前，或者盯着手机，而小偷在上车之后则会左顾右盼，只为了找到合适的对象下手。再如，对于那些面露凶气的人要小心防范，对于那些过分热情和周到的人，也要留心保持距离。等到经验渐渐变多，男孩就能相信自己的直觉，敏感地嗅到危险的气息。

坏人好防，戴着假面的好人更危险

一直以来，李琦都梦想着拥有自己的银行卡，但是爸爸总是拒绝他的请求，说把压岁钱放到妈妈那里存起来就行。直到升入初中，爸爸终于给李琦开了一张银行卡，是因为需要往银行卡里存入生活费。为此，李琦高兴极了。他把当年的压岁钱都存入银行卡中，并且说自己以后就可以随时花随时取用，再也不用费劲地和妈妈申请了。

到了五月，爸爸的生日就要到了。李琦想给爸爸准备个像模像样的生日礼物，毕竟自己现在也是有银行卡的人了，不能含糊呢！李琦的预算是五百元钱，为此他下午放学后就去自动取款机上取钱。第一次取钱，李琦很激动，一直紧紧地盯着屏幕看，丝毫没有注意到身后有个年轻人正在观察他。正当李琦取了钱准备拿卡走人的时候，年轻人突然提醒李琦："小伙子，你的钱掉了。"李琦低头去看，地上果然有一张百元大钞，李琦不假思索地弯腰捡钱，然后急急忙忙拿了取款机吐出来的卡就离开了。李琦要等到周末才去给爸爸挑选礼物，为此回到家里他就把钱和卡都放到抽屉里。

次日放学回家，爸爸问李琦："你的银行卡呢？"李琦不明就里，回答："就在抽屉里啊。但是——我是不会告诉你密码的！"说完，李琦还狡黠地笑起来。爸爸扬了扬手中的一张银行卡，说："你的银行卡真的在抽屉里吗？"李琦以为爸爸偷拿了他的卡，正准备生气，打开抽屉，却发现银行卡躺在抽屉里。因而，李琦告诉爸爸："你从哪儿捡来的卡，我的卡就在抽屉里呢？"爸爸提醒李琦："那么，请你仔细看看，你抽屉里的是真银行卡，还是假银行卡吧！"李琦认真去看，突然发现卡号不对，他纳闷地问爸爸："这到底是怎么回事呢？"爸爸说："我不但知道你的银行卡是假的，还知道你取出来的钱里多了一张百元假钞。"李琦数了数钱，发现的确多了一张。李琦纳闷极了，不知道这一切到底是这么回事。

爸爸告诉李琦："你这个家伙啊，简直一点安全意识都没有，太粗心了。昨天，有个年轻人提醒你掉了一张钞票吧，你就马上去捡钱，也不先看看自己的钱到底少没少。你中了别人的奸计啦！要是警察再晚到一会儿，那个年轻人一定会把你所有的压岁钱都取走，你就庆幸吧！"原来，昨天在李琦身后的年轻人是一个惯偷，很擅长在别人取钱的时候偷偷记下密码，然后在别人取了钱还没有取卡的时候，再以掉在地上的假钞吸引别人的注意力，让别人弯腰取钱，他则趁机用提前准备好的假卡换下真卡，这样一来，等到别人了捡了钱喜滋滋地离开了，他就可以继续取钱，然后逃之夭夭。因为警察已经瞄准这个年轻人很久了，所以才会在李琦被骗之后当即抓捕年轻人，也避免了李琦的损失。听爸爸讲完，李琦不由得长嘘一口气，他摸着胸口说："天啊，我的所有压岁钱差点儿都不翼而飞了，看来我以后取钱一定要多多注意。"爸爸说："骗子和坏人的招术多着呢，你可不要以为钱存入银行就是进了保险箱，说不定哪天就中了坏人的掉包计。"李琦说："我一定要了解这些骗术，才能保护好我的银行卡啊！"看着李琦郑重其事的样子，爸爸妈妈忍不住笑起来。

通常情况下，人们对于坏人是有防范心理的，但是对于那些突然出现在身边的好人，则因为对方伪装出来的善意，而全无警惕心理。殊不知，随着时代的发展，坏人行骗越来越难，所以很多聪明的坏人也会与时俱进，把自己装扮成好人的样子，促使骗术成功。所谓明枪易躲，暗箭难防，和那些明晃晃的坏人相比，虚情假意的"好人"显然是防不胜防，也是让人更难以防备的。

男孩除了要学会识别坏人，也要警惕身边的"好人"，尤其是那些陌生的"好人"。常言道，这个世界上既没有无缘无故的爱，也没有无缘无故的恨。面对他人无缘无故的好意，男孩一定要引起足够的重视和警惕，才能保护好自己的钱袋子，也才能保证自己的人身安全和财产安全。

当然，凡事都要适度，一旦过度就会陷入物极必反的效果。归根结底，这个社会上还是好人多，男孩尽管要防范他人无中生有的好意，但也应相信人的善良本性。为了让自己身边出现更多的好人和善行，男孩更要释放出足够的善意，才能得到更多的善意。正如人们常说的，你所看到的世界就是你心中的折射，男孩既要学会合理保护自己，防范坏人，也要学会以真诚的心面对整个世界，从而得到他人的真诚对待。

不凑热闹，避免被误伤

　　一天放学后，李琦在回家的路上看到路边围绕着很多人，因而产生了强烈的好奇心，当即跑过去看热闹。原来，是一个丈夫遇到了妻子的情人，因而仇人见面分外眼红，居然打了起来。看着两个人打得不亦乐乎，围观的人群中有的说情人该打，谁让情人破坏他人家庭呢，有的人说丈夫应该采取法律手段保护自己的合法权益，不要这样莽撞。总而言之，大家很快就分成两派，公说公有理，婆说婆有理。

　　李琦还小，不知道是怎么回事，就这样站在旁边看着，心中也有依稀的偏向。虽然李琦不懂得爱情的事情，但是李琦知道班级里有很多同学的爸爸妈妈都离婚了，那些同学都很痛苦。所以李琦也未免义愤填膺，恨不得自己上去踢那个情人一脚。打着打着，矛盾升级，两个男人大有你死我活的趋势，很多围观群众为了避免被误伤，或者离得远远的，或者走开了，只有李琦和两三个成人还在看热闹。正在李琦看得专心致志时，情人被丈夫狠狠地推开了，一个趔趄，居然把脑袋撞到李琦的脸上，导致李琦的一个牙齿松动，当即血流不止。李琦丝毫没想到自己会遭到这样的飞来横祸，又因为嘴巴血流不止，只好打电话向妈妈求助。那个情人看到伤害了无辜的孩子，怕被追究责任，无心恋战，当即匆匆忙忙离开了。

　　妈妈急急忙忙带着李琦就医，医生看着松动的牙齿，说要采取固定手段，否则只能安装假牙。一番折腾下来，回到家里已经夜晚了。妈妈这才有时间追问李琦是怎么回事。一开始，李琦不敢说，但是又没有很好的理由，再加上妈妈怀疑李琦是和同学打架，扬言要去学校找老师，李琦这才不得不说出真相。得知李琦是因为看热闹被撞坏了牙齿，妈妈简直哭笑不得，责备李琦："你这个孩子心怎么那么大呀，看到人家都大打出手了，不躲开，还在那里看，你这往哪里说理去，只能自认倒霉了。"李琦嘴巴肿胀得很严重，说不出话来，眼睛含着泪水，满脸懊悔的模样。

人在打架打急了眼的情况下，很难兼顾到周围的情况，因此围观的人看到打斗升级，纷纷都躲开了。只有李琦因为缺乏经验，又被强烈的好奇心驱使，所以一直站在旁边围观，最终导致"城门失火，殃及池鱼"，无辜受伤。正如妈妈所说的，这根本没地方说理去，就算打架的两个人看到误伤孩子没有跑开，也是一笔糊涂账，根本说不清也道不明。

青春期男孩好奇心很强烈，看到任何新鲜的事物都想尝试，看到任何热闹也都想凑上前去，满足一下自己的好奇心理。然而，有些热闹具有很大的危险性，是看不得的。与其因为看热闹而受伤，不如老老实实回家，也避免了自己受苦。除了这些不相干的热闹之后，青春期男孩还要注意避免哥们义气，不要因为所谓的朋友而真的两肋插刀。男孩总是充满热情，热血澎湃，这使得他们在朋友需要帮助时，总是不分青红皂白就要帮忙。实际上，一件事情总有两面性，朋友也不会总是对的，所以青春期男孩要有甄别能力，判断朋友的做法是否正确。即使朋友真的需要帮助，也要第一时间告诉老师或者家长，而不要盲目加入帮助朋友的打架斗殴之中，以防导致严重的后果。

《弟子规》中写道："斗闹场，绝勿近，邪僻事，绝勿问。"这句话告诉我们，凡是打架斗殴的地方都是是非之地，容易惹祸上身，为了保证自身的安全，最好远离这些地方。男孩处于青春期，尽管看起来身强马大，越来越像成人，但是实际上男孩的心智还不够成熟，也不能完全对自己的言行举止负责任。要想远离是非，男孩还要避免与社会上的闲杂人员接近和相处。既然是学生，就应该更多地与同学相处，和同学结交朋友。很多男孩觉得有社会上的朋友是很酷的事情，其实这样的想法是完全错误的，因为男孩的心智和能力还不足以支撑起他们与社会人员相处，往往会导致男孩陷入麻烦的旋涡中无法脱身。

第 10 章

出现意外别慌乱，镇定是最大的勇敢

　　真正的勇敢，不是莽夫之勇，也不是只能用体力解决问题，而是在遇到意外发生的时候保持镇定，绝不慌张。有人说，愤怒会导致人的智商瞬间降低，这是完全有道理的，因为在极度愤怒的时候，人会失去理智思考的能力，尤其是原本就处于青春期容易冲动的男孩，在遇到意外发生时更要竭力保持镇定。

停电了，怎么办

　　哲哲是个三年级的小学生，平日里，由爸爸妈妈负责带他。小时候，每当爸爸妈妈周末加班，哲哲就和爸爸妈妈一起去单位，陪着爸爸妈妈一起加班。自从上了三年级，哲哲觉得自己可以单独留在家里了，因而拒绝和爸爸妈妈一起去单位，毕竟在家里还可以看看电视，而去单位就只能无聊地待着。

　　周六白天，爸爸出差了，要等到周一才能回家，妈妈在单位加班，因为没有完成任务，也为了避免周日加班，所以妈妈晚上要继续加班。傍晚时，妈妈给哲哲打电话："哲哲，妈妈晚上要加班到十点前后，这样周日就不用加班了。妈妈回家接你，等到晚上下班咱们一起回家，好不好？"哲哲想了想，说："妈妈，我不想去你们单位。要不你给我点外卖吧，我吃了外卖看电视，然后困了就自己睡觉。"妈妈问："你不害怕吗？"哲哲说："不害怕。"妈妈只好为哲哲点了外卖。不承想，晚上八点，突然间停电了。妈妈担心哲哲害怕，火急火燎往家赶。躺在被窝里看电视的哲哲看到停电了，的确很害怕，他不敢出被窝，一直躲在被窝里，渐渐地感到困意袭来。他很想去卫生间，也不敢去，就这样使劲忍住尿意。正在此时，妈妈回家了，哲哲委屈地哭起来。妈妈安慰哲哲："哲哲，不害怕啊，其实你冷静下来，会发现还有月光的。而且，咱们家门口的抽屉里就有手电筒，可以应急呢！"哲哲说："我害怕，我总觉得黑暗里隐藏着怪物。"妈妈抚摸着哲哲的头："黑暗里没有怪物，黑暗里其实和有光的时候一样，只不过因为黑暗之中你看不到，所以心里感到害怕。一旦想明白了，你就不会害怕了，也能坦然面对黑暗。最重要的是要冷静，不要慌张。你做得很好，没有哭泣，也没有逃出家门。因为在家里虽然很黑，至少是安全的，一旦离开家，说不定会遭遇危险呢，对不对？"

哲哲擦干眼泪，点点头。妈妈说："妈妈还要继续去加班呢，再有一个小时就能完成任务。现在你也去完厕所了，妈妈把手电筒放在床头，再把电话的分机也拿到床头，这样你要是害怕就给妈妈打电话，不害怕就睡觉，好不好？如果你不想留在家里，也可以和妈妈去单位。"哲哲不想离开温暖的被窝，而且他也的确困倦了。为此，他说："好吧，妈妈，我还是继续睡觉吧。"妈妈锁好门离开家，哲哲很快又睡着了。次日醒来的时候，天已经大亮了，哲哲很高兴妈妈能够留在家里陪他。

随着不断成长，孩子渐渐地脱离父母二十四小时的监护，难免会有独处的时候。孩子的天性就是怕黑，因而大多数孩子更容易接受白天独自相处，而一旦夜幕降临，有电的情况下，孩子不仅有光亮，还可以看电视、玩电脑，能够抵抗对黑暗的恐惧，而一旦停电，孩子未免会陷入惊慌之中，也会因为紧张慌乱，导致做出失去理智的事情，伤害到自己。因而面对停电的紧急状况，最重要的是保持镇定，不要乱窜，更不要盲目离开家。正如妈妈所说的，留在家里虽然很黑，但是至少安全。

如果走出家门，则不但很黑，而且还会面临危险。所以在遇到停电的突发情况时，男孩一定要保持理智和冷静，千万不要因为紧张而陷入慌乱之中。

生活中总有很多意外的情况发生，男孩要想成长为真正的男子汉，一定要帮助自己保持理智和冷静，遇到任何突发情况，都不要紧张得手足无措，这样才能在关键时刻保持理性，也才能在危急情况发生的时候做出最明智的决定和最佳的选择，从而圆满解决问题。

中毒了，怎么处理呢

哲哲正处于长身体的时候，中午在学校吃的饭菜不可口，也吃得不是很饱，所以每天下午一放学，哲哲就会感到饿。然而，爸爸妈妈下班回到家里要六点多，吃饭怎么也要七点多了，为了让哲哲能够及时得到能量补充，妈妈每天都会给哲哲五元钱，让哲哲在放学路上买包子和豆浆，这样也可以抵挡几个小时的饥饿，等到吃晚饭时就不会狼吞虎咽，吃得过饱。然而，很多小吃摊的卫生条件都堪忧，为此妈妈叮嘱哲哲只能吃品牌的包子和豆浆，而不要买那些乱七八糟的小食吃。哲哲虽然答应了妈妈，但是吃了一段时间的包子豆浆，就觉得厌烦了。一天放学，哲哲看到同学们都围着一个羊肉串的摊子买肉串吃，也被勾起了馋虫，因而也买了五串羊肉串，有滋有味地就吃进肚子里了。

回到家里，等到妈妈下班回家，哲哲对妈妈说："妈妈，我决定以后不吃包子，改吃羊肉串了。包子我都吃腻了，实在不想再吃了，我觉得还是羊肉串好吃。"妈妈很惊讶，当即提醒哲哲："羊肉串卫生吗？你可别吃坏了肚子，那就要受罪了。"哲哲不以为然："当然卫生，我们班级里有好几个同学都吃了。羊肉串还很便宜，包子都要一块五一个，羊肉串才一块钱一串，五块钱可以买五串呢！"妈妈听了哲哲的话，更担忧了："羊肉那么贵，羊肉串才一块钱一串，肯定不是什么好羊肉，也有可能是假冒的羊肉，你以后还是不要吃了。真想吃的话，妈妈周末带你去牛街吃正宗的，好不好？"哲哲满不在乎地说："我们班同学吃了都没事，放心吧！"

晚上大概十点钟，哲哲突然觉得肚子疼，而且出现明显的腹泻症状，为此，他不停地跑厕所。接连跑了好几趟厕所，哲哲觉得撑不住了，因而让妈妈找了止泻药给他吃。没想到，吃了止泻药之后哲哲觉得更难受了，看着哲哲痛苦的样子，爸爸当机立断带着哲哲去了医院。果不其然，正如妈妈所担心的那样，哲哲食物中毒导致腹泻了。哲哲问医生："我吃了止泻药，为何更难受了呢？"医生说："因为食物中毒是不能止泻的。你想啊，你的身体对不好的食物产生抵抗，想要把食物排泄出去，这其实是身体的自我保护，但是你却禁止身体这么做，身体岂不就更加难受了么！对于很多体质好的食物中毒者来说，如果食物中毒的情况没有那么严重，他们不需要额外服用药物，而只要排泄干净就能好了。"哲哲恍然大悟："难怪我越吃药越难受呢！但是我还有一点不明白，为何我的同学吃了羊肉串没事，我吃了却这么大的反应呢？他们有的人都吃了十串呢，我才吃了五串。"医生笑着说："每个人的体质不一样。就像冷空气来袭时，有的人会感冒，有的人不添加衣服也没事一样。如果你比较容易食物中毒，吃东西就要注意干净卫生，保证食物新鲜。"哲哲点点头，说："看来目前我还是吃包子最安全。"

在普通人眼中，腹泻就是腹泻，而在医生眼中，腹泻分为很多种情况，例如是着凉腹泻，食物中毒腹泻，还是药物过敏腹泻，针对这些不同的情况，医生采取的治疗手段也是截然不同的。所以一旦发生食物中毒的紧急情况，千万不要随便吃止泻药，而是要根据病情的轻重缓急做出决断，及时救医，才能得到有效治疗。

通常情况下，食物中毒是因为食用了腐烂变质或者含有毒素的食物导致的，中毒者往往会出现腹痛、呕吐、腹泻等症状。因而一旦出现这些症状，就要考虑到食物中毒的可能。食物中毒轻则导致上吐下泻，如果是因为吃了含有毒素的食物引起的中毒，例如食用了毒蘑菇等，还有可能引起死亡。因而在日常生活中进食的时候一定要保证食物的新鲜卫生，而如果是服用了含有毒素的食物，则要马上就医，以免有些毒素对人体造成致命危害。

当确定是因为服用含有毒素的食物才导致中毒，或者出现严重的中毒情况，而又不能马上就医时，第一时间就要采取催吐。催吐尤其以在两个小时之内进行为好，可以采用外部刺激法，即用手指刺激喉咙，导致呕吐，这种方法是最为简单有效的，也可以当即进行，能够争取时间。在有条件的情况下，还可以用食盐与凉白开或者冷水按照一比十的比例混合喝下，直到产生呕吐的感觉为止。正如事例中医生所说的，在食物中毒的情况下不能止泻，反而要导泄。当进食时间超过两个小时，食物已经进入肠道中时，导泻的方式比催吐更有效果。对于导泻，通常是用大黄煎水服用，促进排泄。其实不管是催吐还是导泻，目的都是减少有毒食物在人体内停留的时间，从而降低人体对毒素的吸收。

对于吃了腐烂变质的海鲜河鲜产品引起的中毒，可以用水与醋按照一比二的比例调和喝下，能够起到解毒的效果。当中毒情况很严重的时候，一定要及时就医，以上方法只能作为就医前的应急处理方式。通常情况下，食物中毒都会导致上吐下泻，因而在治疗过程中还应当适当补充淡盐水，以免身体出现出现电解质紊乱的情况，也可以避免身体脱水。

为了避免食物中毒的情况发生，男孩在日常生活中进食的时候一定要养成良好的卫生习惯，不吃腐烂变质的食物，饭前便后都要洗手，尤其不要吃无证经营的摊贩售卖的食物。其次，男孩还要注意不吃野生的、来路不明的食物。很多住在大山里的人都喜欢吃野生蘑菇，但是千万不要吃不认识的蘑菇，否则有些蘑菇是含有剧毒的，甚至会夺走人们的生命。总而言之，病从口入，男孩一定要管好嘴巴，才能保证身体健康。

突发地震，冷静才能求得生机

周一上午，哲哲正与老师同学们在教室里上课呢，突然感觉到有些头晕，紧接着就感觉到大地晃动。老师惊呼："地震了，紧急撤退。"同学们全都一哄而起，朝着教室门口拥去。尽管老师大喊着"不要着急，不要拥挤，快撤退"，同学们还是争先恐后，为此撤退的速度很慢。地震是一时性的，很快就恢复如常，老师继续组织同学们撤退到操场上。等到同学们都恢复镇定，老师才再次对同学们强调："同学们，遇到地震一定不要慌张。幸亏刚才只是有震感，否则你们这么拥挤，谁也逃不掉。"同学们你看看我，我看看你，有的同学说："刚才，一听到地震脑子就蒙圈了，根本一片空白。"也有的同学说："我只想着赶紧跑出教室来操场了。"老师感慨地说："人人都想逃生，这是正常的，但是越是在危急的情况下，越是要讲究秩序，否则大家都倒霉，岂不是更糟糕么！"

经历了这次震感，学校里非常重视，没过几天就组织了关于地震逃生的讲座。在讲座上，地震专家再次为同学们讲解了地震逃生的要领，讲座之后，学校再次进行了地震逃生的演习。等到学校里发生地震预警时，同学们才能有秩序地疏散。回到家里，哲哲想考一考爸爸妈妈："爸爸妈妈，如果现在发生地震，咱们应该怎么做啊？"妈妈不假思索地说："冲出去，坐电梯下楼，逃跑。"其实，妈妈知道不能这么做，但是妈妈也想考一考哲哲。看到爸爸皱起眉头，哲哲问爸爸："爸爸，你说该怎么办呢？"爸爸说："咱们家住在十八楼，逃跑肯定来不及，应该躲起来。"哲哲问："躲在哪里？"爸爸不知道该怎么回答。哲哲笑起来，说："哈哈，让我告诉你们吧！开地震讲座的专家说，现在的楼都是框架结构，所以咱们最好躲在有三面承重墙的地方，也就是咱们家与隔壁人家相连的拐角处。"听到哲哲的回答，爸爸妈妈都连连点头称赞："哲哲听讲座很认真啊！"哲哲扬扬得意，说："那当然，这可是人命关天啊，况且我不认真听，谁负责来家里培训你们呢！"

地震也许百年不遇，但是一旦发生，就会造成非常严重的后果。1976年的唐山大地震伤亡惨重，是因为地震发生时正值深夜，而且当时人们防范地震的意识也不够强。2008年5月12日，四川汶川发生大地震。

在这次地震中，有个学校里学生撤退有秩，避免了伤亡。而有的学校则因为地震发生时正在上课，导致孩子们伤亡惨重。由此可见，地震尽管有可能百年不遇，一旦发生就会造成严重的后果。因而不管是家庭还是学校，都要对孩子们开展地震到来的应急训练。这样，当地震真正发生时，孩子们才不会惊慌失措，也能有效保护自己。

作为男孩，一定要保持冷静和理智，才能在地震面前做出正确应对和从容反应。汶川地震中，有个男孩非常冷静，几次往返教室，救出了很多同学，让人刮目相看。不从救人的角度而言，仅仅从自我保护的角度而言，冷静和理智也是必须具备的品质。当地震真正发生，男孩，你做好准备了吗？不要带有侥幸心理，只有做好万全的准备，在天灾人祸发生的时候，才不会紧张失措，也才能做出正确的应对和反应。

机智应对，不与劫匪硬碰硬

周末，因为爸爸妈妈都加班，哲哲带着银行卡，一个人去银行取钱。卡里都是哲哲这几年的压岁钱，妈妈特意交给他自己保管。这次取钱，爸爸妈妈都毫不知情，因为哲哲知道再过半个月就是爸爸妈妈结婚十周年纪念日了。在其他的纪念日，爸爸妈妈都因为忙碌而忽略了，这次可是十周年纪念日啊，哲哲想准备一份礼物，给爸爸妈妈一份惊喜。

到了自动取款机的门厅，哲哲发现里面空无一人，只有一个流浪汉在睡觉。哲哲有些迟疑，害怕这个流浪汉，但是转念一想，如果不抓紧时间准备礼物，恐怕就不能挑选到合心意的礼物。为此，哲哲还是走进去，把银行卡插入取款机。这时，流浪汉突然站起来，用刀抵着哲哲的后腰部，说："别吱声，把卡里的钱全都取出来给我。"哲哲的脑袋里嗡的一声，他很清楚自己不能喊叫，否则这冰冷的刀有可能进入自己的身体。为此，哲哲尽量控制住颤抖的声音，说："我是个孩子，没有钱，这里面只有我的零花钱。"流浪汉恶狠狠地说："我不管，输入密码，把所有钱都取出来给我。"哲哲不由得暗自懊悔，早知道当初听妈妈的，把三千元钱存入余额宝，只留下几百块钱零花就好了。但是现在悔之晚矣，哲哲已经做好了最坏的打算，宁愿钱都被抢走，也要保证人身安全。

在这种想法的驱使下，哲哲很顺从流浪汉，但是他却假装一不小心把密码输错了。哲哲对流浪汉说："你这样拿刀抵着我，我一紧张把密码输入错误了。你能离我远一点儿吗？"流浪汉说："小子，你可别耍我，你要是害得我连饭也吃不上，我就把你吃掉。"趁着流浪汉离得远些守在门口，哲哲赶紧取出来三百块钱，假装特别心疼地流泪说道："这是我所有的钱了，你给我留下一百行吗？"流浪汉一把夺走钱，跑开了。哲哲也不敢继续取钱了，而是赶紧离开，等到人多的时候再去银行柜台取钱。

哲哲犯了个错误，那就是看到取款机附近有来路不明的人，还是进去取款，让自己与陌生人进入一个封闭的空间，导致遭遇抢劫。不过哲哲也很冷静，他小小年纪被流浪汉拿刀抵着，却没有大喊大叫，为此才能避免被流浪汉伤害，也为自己争取到宝贵的时间，从而进行斡旋。他以输错密码的事实告诉流浪汉他很害怕，而流浪汉为了拿到钱就必须离他远一点。这样一来，哲哲想到流浪汉只想弄点儿钱吃饭，也想不到他这个小孩子能有那么多钱，因而只给流浪汉取了三百块钱，还假装可怜兮兮地让流浪汉给他留一百。如此一来，流浪汉也怕哲哲反悔，因而不与他纠缠，马上拿了钱就跑开了，让哲哲得以安全。

遇到危急的情况，尤其是当坏人距离自己的身体很近，并且有可能对自己造成伤害的时候，最重要的就是保持冷静。在前文说过，遇到坏人有四喊三慎喊，而事例中哲哲的现实处境就完全符合四喊三慎喊的慎喊。否则，一旦哲哲以高声呼叫激怒流浪汉，就会导致流浪汉从原本只想求财，到最终被激怒，甚至手一哆嗦就伤害了哲哲，那哲哲可就追悔莫及了。哲哲的最坏打算是对的，即使与再多的钱相比，生命安全也是第一位的，所以只能尝试着保全财产，而不能为了保护金钱就不顾性命安危。唯有在保障生命安全的情况下，钱财才有意义，也才是值得珍惜的。

很多性格刚烈的人在遇到劫匪的时候，会选择宁死不屈，实际上，这不是高节的象征，而是愚蠢的表现。在有些时候，人固然要坚持原则，绝不屈服，但是在遇到危急情况的时候，人更要表现出灵活机智，做到随机应变。任何时候，每个人都要坚持生命本位，把生命安全放在第一位，想到这一点，男孩就不会莽撞行事了。

乘坐电梯，男孩不可不知的安全事项

一天，哲哲独自下楼玩耍，乘坐电梯时突然发生了意外，一开始是电梯里的灯光一明一暗，看起来让人感到害怕。后来，电梯突然停住不动了，电梯门也紧紧关闭着，没有任何反应。喊爸爸妈妈？显然不可行，因为爸爸妈妈在家里很难听到门外的声音，更别说是电梯里的声音了。为此，哲哲只能安静下来，等到爸爸妈妈发现自己没回家，再出来寻找自己。

就在百无聊赖之中，哲哲发现电梯里的求救电话能用，而且旁边还有紧急求助的电话号码。为此，哲哲当即拿下听筒放在耳边，确定电话能用后，哲哲拨打了紧急求助电话，并且让紧急救助人员先通知他的爸爸妈妈，告诉爸爸妈妈他很安全。做完这一切，哲哲就安心等待救援了。得知哲哲被困电梯，爸爸妈妈马上赶到相应的楼层，隔着电梯门安抚哲哲。听到哲哲情绪稳定，没有惊慌哭泣，爸爸妈妈都放下心来。为了防止电梯继续坠落给哲哲造成伤害，爸爸还隔着电梯门教会哲哲正确的姿势。大概二十分钟，电梯救援人员就赶到了，顺利地把哲哲救出了电梯。

如果哲哲一味地只知道哭泣，那么根本无法冷静地看到求助电话，只能哭得上气不接下气，也让不明就里的爸爸妈妈急得火上墙。很多男孩都知道哭泣是没有用的，不但不能解决问题，反而会导致问题更加恶化，但是实际上大多数男孩在遇到意外发生的时候，依然很难保持冷静和理智。唯有不断地锻炼自己的胆量，让自己更加理性从容，男孩才能真正成为男子汉，成为真正的勇士，直面人生中的各种意外情况。

去年，网络新闻曝光了一个男孩在没有家人看护的情况下，进入电梯上上下下，在电梯里蹦蹦跳跳反复折腾，并且对着电梯的按键撒尿的事件。最终这个男孩从电梯坠落，导致严重受伤，生命垂危。此前，也曾有过新闻报道祖孙俩没有查看电梯厢是否上行，就快速进入电梯，导致双双坠亡的事件。不得不说，虽然电梯给人们带来了生活上的便利，但是电梯如果使用不当，也是有很多安全隐患的。此外，电梯的安全运行并非百分之百，乘坐电梯时还应该保持警惕，拥有安全意识，才能避免受到电梯的伤害，也避免惨剧的发生。

乘坐电梯，男孩必须注意很多安全事项，首先要保证文明乘坐电梯，不能故意对着电梯拍打，或者在电梯里进行诸如蹦跳等危险的举动，否则会引起电梯坠落。其次，不要带易燃易爆物品进入电梯，因为电梯主要靠电力运行，而且是密闭的窄小空间，容易引起火灾，也有窒息的危险。再次，不要强上强下电梯，更不要超载。如果赶不上电梯，那就耐心等待电梯回来，而不要为了节省一两分钟的时间就拿生命开玩笑。毕竟电梯是机器，没有思维和感情，也不会审时度势做出合适的决定，所以最重要的是乘坐电梯的人要合理使用电梯，不要故意刁难电梯。最后，在发生自然灾害的时候不要乘坐电梯，因为一旦停电就会被困在电梯中，也因为电梯空间狭窄，所以反而更容易发生危险。

在搭乘电梯的过程中，如果电梯发生故障停运，不要强行打开电梯的门，而是应该紧急求救等待救援。如果发生电梯坠落的情况，则要迅速按下每一层的按钮，因为说不定电梯在某一层就停下了，也能让你获救。按下每一层的按钮之后，还要做好最坏的准备，为了避免电梯坠落到底层时受伤，应该马上把背部和头部都靠近电梯的内墙，也就是与电梯门正对着的那堵墙，然后让膝盖保持弯曲的姿势，从而有效减弱电梯坠落时给身体带来的巨大冲击和伤害，也能保护好脊椎。总而言之，男孩应该是勇敢的，在遇到电梯发生意外时，一定要保持理智和冷静，理性思考和正确求生，而不要做出冲动的举动伤害生命。

流血了，不要慌张

很小的时候，哲哲特别害怕流血，只要看到自己破了，受伤了，即使只是因为被蚊子咬了个包而变得红起来，他也会紧张地指着受伤的地方哭，然后要求爸爸妈妈当即为他贴上创口贴。为此，妈妈私底下不止一次嘲笑哲哲是个胆小鬼，还说哲哲一定是投错胎了，原本应该是个小心翼翼的女孩才对。

长大之后，哲哲依然很怕血，甚至看到妈妈宰鱼或者杀鸡等，也会非常紧张。一天，哲哲与同学结伴去踢球，结果与同学不小心撞到一起，导致嘴唇受伤，血流不止。哲哲当即号啕大哭起来，整个人都颤抖着，似乎马上要晕倒的样子。妈妈马上安慰哲哲："哲哲，你只是因为心里紧张，所以感到很难受，但是你要相信自己，因为你只是嘴唇破了一点点，流血了而已，没关系的。人身上有很多血，还有人去献血呢，所以流血不会对你造成太大的伤害，一定要镇定。否则，你会因为紧张而晕倒。"妈妈　连声地说着，哲哲也渐渐恢复了平静，没有那么紧张了，似乎嘴唇上的伤口也不那么疼了。看到哲哲的表现，妈妈夸赞道："哲哲真的很棒，很勇敢。妈妈为哲哲骄傲。"结果，在妈妈不停的鼓励和支撑下，哲哲这次表现完全超乎以往，并且成功地战胜了内心的恐惧，以后再也不怕血了。

事后，妈妈对哲哲说："一直以来因为你害怕血，我们都避免让你看到血。没想到自从上次不可避免必须面对血之后，你居然成功地战胜了内心的恐惧。没错，你其实不怕血，就是因为内心恐惧，所以才感觉自己怕血。很多事情都是这样，只要你不害怕，你就能战胜内心，就能勇敢面对。以后再感到恐惧的时候，你知道自己该怎么做了吗？"哲哲不好意思地点点头，说："妈妈，放心吧，以后我是真正的男子汉，再也不害怕了。"

很多孩子都怕血，不仅女孩怕血，男孩也怕血。对于男孩对血的恐惧，在男孩小的时候，爸爸妈妈可以避免让男孩看到血，但是逃避不能解决问题，当男孩渐渐成长，爸爸妈妈就要引导男孩接受血，对血不再那么恐惧。归根结底，男孩总要长大，总要试着自己面对一切，而且在成长的过程中，男孩也难免会有磕磕碰碰。如果男孩始终怕血，直到长大了，也一看到血就恐惧，这无疑是很糟糕的。

作为男孩，要想让自己成为真正的男子汉，要想让自己战胜对血的恐惧，能坦然面对看似血腥的场面，就要鼓励自己勇敢，告诉自己逃无可逃。当从内心真正接受了一件事情，心底里不会那么排斥，也就不会有那么剧烈的反应。男孩，当逃无可逃，你就只能勇敢面对。

恶作剧要有度，否则就会酿悲剧

哲哲和几个同学结伴去郊外游玩，原本在公园里玩得很开心，后来因为恶作剧，却导致了悲剧的发生。

原来，有个同学提议要玩信任游戏。也就是让一个人站立着，其他人站在这个人的背后采取蹲位，并且伸出手等待这个人朝着背后倒下来。刚开始，游戏进行得很顺利，但是当轮到哲哲往背后倒的时候，此时哲哲完全相信其他同学会在他向后倒下的时候稳稳地接住他。事实却完全出乎哲哲的预料，同学们对他进行了恶作剧，导致他真正倒下的时候，同学们都把胳膊缩回来了，而且都偷偷地躲开了，结果他毫无防备地摔倒在地上，头部重重地磕在石头上，头破血流，当即被紧急送往医院。

医生给哲哲缝合包扎后说："你们的游戏太危险了，恶作剧也不能这样啊。你们完全没有发现地上有凸起的石头，就这样恶作剧，幸好石头不是很尖锐的，否则就会导致骨头受伤。人的后部头骨是非常薄的，很脆弱，而你已经十二岁了，体重又很重，这样如同木头一样倒下去，可想而知头骨将会受到多么严重的伤害。以后，再也不要这样没分寸了。"得知这件事情后，班主任老师也当即在班级展开危机干预，教育同学们不要失去限度搞恶作剧。老师还以哲哲的惨剧教育全班同学，告诫大家再也不要犯类似的愚蠢错误。当然，那几个故意和哲哲恶作剧的同学也被严肃批评，因为他们不但失去了哲哲的信任，而且还对哲哲造成伤害，结果是非常严重的。

万一地上有尖锐凸起的石头，则会导致哲哲受到更加严重的伤害，而远远不止头破血流这么简单。本着对同学的完全信任，也因为游戏前期进展顺利，所以哲哲才会完全放心地背朝后倒下，结果却遭遇同学的捉弄，也受到严重伤害。其实，这个游戏并不适合孩子们玩耍，原本这个游戏是作为团队之间增强凝聚力所用的，一旦被孩子们操作，则因为孩子缺乏分寸，也不懂得把握安全程度，就会出现意外情况。当然，游戏本身没有错，最关键的问题在于男孩要拥有安全意识，也要具有团队精神。由此可见，让男孩形成正确的观点和意识，才是保证男孩人生稳妥的关键所在。

男孩在一起打打闹闹，玩些游戏，或者小小地恶作剧一下，是很正常的。需要注意的是，千万要把握好度，而不要因为恶作剧无度，导致严重的后果，给自己和他人都带来困扰与伤害，那么恶作剧也就失去了娱乐与消遣的性质，反而变成了坏事。

　　大多数男孩都是贪玩的，而且当男孩们聚集在一起的时候，就更会因为过于兴奋，而导致很多危险的游戏或者恶作剧发生。也因为男孩们对于很多事情都没有分寸，缺乏人生经验，所以他们更会在一不留神的时候就做出出格的举动。在培养男孩的安全意识时，父母除了教会男孩躲避危险，保证自身安全之外，还要告诉男孩与同伴的嬉戏打闹一定要适度，不要因为过度而引发危险。所谓初生牛犊不怕虎，用这句话来形容男孩是很恰当的。如今，大多数家庭都只有一个孩子，父母和祖辈都守护着孩子，所以很多男孩都在完全平安的环境中成长，都缺乏安全意识和危机意识。当不知道某种行为会引发严重的后果时，男孩也就不会去主动避免，甚至因此而做出让自己追悔莫及的事情。

　　为了避免这种情况的发生，男孩一定要开阔眼界，对很多事情要有一定的认知和了解，从而才能督促自己做出正确的举动和行为，也避免危险的发生。还有些男孩对于勇敢的理解失之偏颇，总觉得所谓勇敢，就是做别人不敢做的事情，当几个男孩在一切相互比较勇气和勇敢的时候，就会导致彼此失去原则和底线，甚至做出危及到生命安全的事情。总而言之，男孩一定要更加理性，对自己的行为有准确的把握，这样才能避免危险的发生，也才能真正对人生负责。

第 11 章

出游本是快乐事，别因危险游戏乐极而生悲

男孩生性爱玩，喜欢与同伴相处和游玩。对于上学的男孩而言，最高兴的事情就是全班同学一起春游，离开了学校的环境，他们感到非常轻松，甚至感到浑身轻飘飘的，有些得意忘形的感觉。然而，任何时候男孩都应该保持理智，不要失去限度。如果因为一时激动而把出游的高兴事变成悲伤的事情，就会因此陷入烦恼甚至是懊丧之中。

谨慎驾驶机动车，不要飙车闯大祸

据某媒体报道，2010年10月20日，在西安音乐学院就读的药家鑫，驾驶汽车去西安外国语学院看望女朋友。在与女朋友约会后，药家鑫急着赶回学校，为此急急忙忙驾车驶上归途。经过附近的西北大学时，他因为车速过快，撞上骑着电动车同向行驶的张某。当即，药家鑫下车查看张某的情况，发现张某躺在地上不停地痛苦呻吟，药家鑫想到："如果这个人看清楚我的车牌号，那我就不能逃逸了。"想着想着，他居然拿出一把尖刀，向着张某连续刺去。原本受到车祸伤并不致命的张某，当即死亡。药家鑫发现张某死了，仓促之中驾车逃走，才行驶没多久，就在一个路口又撞倒了两个行人，被交警扣押。直到三天后，药家鑫才在父母的陪伴下去公安机关自首，而死者张某的尸检报告显示，张某是因为胸部遭到刀具的伤害，主动脉和上腔静脉都破裂，身体大量失血，因而死亡。

原本与女朋友约会是好事情，但是药家鑫却因为得意扬扬，快速驾驶，导致行驶不慎，把与他同向向前的张某撞倒在地。事情发生后，他的行为极其恶劣，因为担心被伤者看到车牌号而无法逃逸，他居然在撞伤张某之后，又残忍地用随身带着的尖刀刺伤张某，不得不说，药家鑫是一时脑袋发热，激情杀人，在危急情况下做出了错误的反应和选择。看到这里，也许有很多人都会觉得药家鑫一定是有钱人家的孩子，才会开着私家车，做出肆无忌惮的事情。实际上，事后有记者经过采访证实，药家鑫从小到大都受到父母的严格管束，也许是因为家庭环境，也许是因为成长背景，导致他的性格其实是有缺陷的。一切都让人扼腕叹息，两个家庭就这样被毁灭了。如果当初药家鑫开车能慢一些，在发生交通事故之后也能及时施救，那么事情一定不会是这样的结果。药家鑫最终被执行注射死刑，从此之后，这个世界上又多了一对心碎的父母，一辈子都背负着沉重的压力熬过一天又一天。

就在药家鑫案件发生的前几天，2010年10月16日晚上九点多，李启铭驾驶汽车在河北大学校园内疾驰，把两位在道路上正常行走的女生撞击到数米开外。即便发生如此严重的交通事故，李启铭也没有丝毫减速，而是继续把女朋友送到宿舍楼下。直到送完女朋友返回，准备离开校园时，才被学生和保安拦截下来。两名被撞的女生都伤势惨重，其中一名女生次日死亡，另一名女生经过长时间的紧急救治才脱离生命危险。在发现撞人之后，李启铭丝毫没有悔改，还扬言"有本事你们告去，我爸是李刚"。每一个参加过驾驶证考试的人都知道，对于机动车而言，速度是优势，也是致命的劣势。每个驾驶员要想平安驾驶，就一定要减慢速度，从而才能保证自己和行人的安全。

随着不断地成长，男孩渐渐长大，也开始崇尚汽车的速度、力量与激情。然而，如果有机会开车，在轻狂张扬的年纪，千万不要随便飙车，否则不仅会伤害他人，也会给自己的人生带来无法挽回的遗憾和沉重的伤害。药家鑫因为飙车撞人之后故意杀人，被剥夺了生命的权利，李启铭更加猖狂，居然扬言"我爸是李刚"。不得不说，当一个人失去对生命的敬畏，最终也会葬送自己的人生和生命，这是不可避免的轮回与报应。做人即使不低调，也要学会尊重生命，更要在人生的道路上不断地前行，才能创造生命的奇迹。否则，当心迷失了，人生也就彻底迷失了。男孩，当然要有激情，也要有速度，但却更要有准绳，有良知，有善意。尊重他人的生命，就是尊重自己的生命，也唯有爱惜他人的生命，才有机会创造美好的人生。

不逞强，危险游戏不要玩

张明刚刚来到学校，就看到好朋友罗飞和周周正在神秘兮兮地压低声音讨论什么。张明赶紧凑过去想要听个明白，不承想，罗飞与周周却当即停止说话。张明问："你们在说什么呢，还怕人？告诉我吧，我会保密的。"再三确定张明一定会保密之后，罗飞才低声告诉张明："我有几张游乐场的免费入场券，怎么样，想去玩吗？"张明当然想去，有哪个男孩不想去游乐场玩呢！然而，周周却问张明："你敢坐九天云霄过山车吗？罗飞说不敢坐的，都没有资格去，也不给票。"

一听说九天云霄过山车，张明马上把头摇得和拨浪鼓一样。他说："那个过山车特别可怕，我可不敢坐。"罗飞马上不屑一顾地说："切，不敢坐过山车还来凑什么热闹，我们要组建的可是勇敢者的队伍，绝不接受胆小鬼。"张明为自己辩解："我不是胆小鬼。"罗飞说："不是胆小鬼，为何不敢坐过山车？"张明说："爸爸说过山车很危险，万一发生意外，就会危及生命，而且爸爸还说坐过山车不是必须冒的险，没有必要逞强。"周周忍不住笑起来："张明，你都多大了，还左一个爸爸说，又一个爸爸说的。你自己到底是怎么想的呢？"张明想了想，一本正经地说："我也觉得没有必要非坐过山车，有勇气的人，应该做有价值和有意义的事情，冒险也要冒得值得。"罗飞更加嘲笑张明："好了。还是不要说了，没有胆量就说没有胆量，为何找借口呢！"就这样，罗飞和周周又私底下嘀咕去了，只有张明陷入沉思：有必要进行危险的游乐项目，只为了证明勇敢吗？我到底要不要和他们一起去呢？

男孩总是对游乐场情有独钟，就像成年的男人尤其钟情于大玩具——汽车一样，男孩也钟情于好玩的玩具，那就是游乐场里的各种游乐设施。和普通玩具相比，游乐设施更具有刺激性和挑战性，也因为是集体活动，更容易产生互动，所以往往让孩子们乐此不疲。在游乐场的强烈吸引力下，孩子们对游乐场趋之若鹜，因而当听到罗飞说自己有游乐场的免费门票时，张明马上就表现出浓厚的兴趣。但是对于罗飞要求每个加入者都必须玩九天云霄的过山车，张明又迟疑了。首先，张明认为爸爸说的很对，真正的勇敢不是拿来炫耀的，而是要用在有价值和有意义的事情上。其次，张明的确有些胆小，因为他觉得生命安全第一，所以不想做有可能危及生命安全的事情。当然，胆小并没有什么不好的，很多男孩都因为初生牛犊不怕虎的假装胆大而闯下很多祸，适当胆小反而有所敬畏，也就不容易做出出格的事情。只要不是过分胆小，畏手畏尾，就无可指责。最后，为了证明自己的勇敢而去冒险，不是理智男孩的所为，真正的勇敢是藏在心里的，等到关键时刻再表现出来，有何必要一定要证明给其他人看呢！所以男孩一定不要因为同龄人的激将法就中了圈套，而要清醒地认识到自己的想法，从而也能在需要的时候真正展现勇气。

游乐场里的大多数游戏项目都是安全的，但是对于那些危险系数更高的游乐项目而言，危险性也是更大的。凡是大型的游乐项目，都会注明不适宜什么人群玩耍，因而作为游客本着对自己的生命安全负责的态度，一定要更加理智谨慎，而不要盲目地表现勇敢。

除了去游乐场之外，男孩在成长的过程中还有很多机会接触危险的游戏，诸如受到诱惑参与赌博，或者沾染毒品，以及在娱乐场所为了证明自己的勇敢而乱吃药品等，都是很多男孩冲动之下容易做出的举动。作为男孩，一定不要为了证明自己而盲目地做出对生命不负责任的举动，唯有坚持人生的底线和原则，该做的事情积极去做，不该做的事情绝不去做，禁止做的事情让做也不做，才能把握人生的方向，始终保证人生在正确的轨道上前行。

外出旅游赏美景，不要贪食

暑假到了，爸爸妈妈要带张明去台湾玩。张明兴奋不已，虽然台湾也属于中国的一部分，但是他从小到大还没去过呢。这次是因为爸爸恰好要去台湾出差，因而想让妈妈带着张明也同行，这样还能节省一部分旅行的开销。趁着暑假，妈妈也想让张明走出家门，见见世面，因而很痛快地接受了爸爸的邀请。

在网络上查了旅行攻略后，张明就和爸爸妈妈出发了。其实，张明从网络上了解到台湾的各种小吃和美食很多，因而最渴望看到的不是美景，而是小吃和美食。在飞往台湾的路上，张明再三和妈妈确定："妈妈，这次去旅行，不会限制我吃东西了吧！"原来，张明从小就食欲很好，尤其爱吃各种美食，所以长得胖乎乎的。为了避免他继续发胖，妈妈专门规定张明必须控制饮食，不能吃得太饱。想到难得出去旅行一次，要让孩子高兴，妈妈就放开了规定，承诺允许张明放开肚皮吃。张明高兴极了，当即表态："我一到台湾，就要吃三份蚵仔煎。"妈妈嗔怪地说张明："你可真是个贪吃的家伙，就像贪吃蛇一样！"张明哈哈大笑起来。

原本，张明还担心到了酒店没有蚵仔煎吃呢，没想到蚵仔煎是台湾著名小吃，走到哪里都有，就连酒店里的自助晚餐，也有很多味道鲜美、现做现吃的蚵仔煎供应。张明此前对于蚵仔煎实在太憧憬了，因而自助餐几乎没吃其他的东西，而是吃了一盘又一盘蚵仔煎。看到张明吃了那么多，爸爸妈妈都很担心，简直害怕张明的肚皮都要被撑破了。当晚，才睡觉没多久，张明就喊着肚子疼，结果半夜起来吐了很多。爸爸对张明说："孩子啊，好吃的东西是吃不完的，慢慢享用多好。你看你吃多了，撑着了，也许未来几天都不想再吃蚵仔煎了，这不是很大的损失吗？"张明感到很不好意思，这次他不敢直接反驳爸爸了，而是默默地点点头。次日，因为半夜里呕吐折腾，张明没有休息好，不但脑袋昏昏沉沉的，而且完全没有胃口。为了陪伴张明，爸爸妈妈只好取消了既定的行程，看到损失这么大，张明懊悔不已。

古人云，读万卷书，行万里路。男孩一定要眼界开阔，才能更健康快乐地成长，也在人生之中有更好的表现，获得更大的进步。如果每天都憋闷在家里，毫无见识，那么日久天长，男孩就会变得闭目塞听，也会导致发展受到局限。正因为如此，父母如果有条件，就会带着男孩去更多的地方走走看看，帮助男孩开阔眼界。每当有这样的机会，男孩一定要控制住食欲，不要一下子品尝到从未吃过的美味，就变得激动起来，完全失去自控力。记住，美食是吃不完的，与其一下子把喜欢吃的东西吃腻了，也把自己的肚皮撑破了，男孩不如细水长流，每次品尝美食都浅尝辄止，吃饭也不要吃得太饱，这样才能始终保持好食欲，也能让自己的肠胃恢复正常的消化水平。

男孩正处于长身体的时候，也因为缺乏自制力，难免会贪吃、多吃。在这种情况下，父母可以以恰当的方式提醒男孩不要贪食，也可以让事实教训男孩。例如事例中的张明见到蚵仔煎就忍不住要吃，妈妈虽然很想提醒他适度进食，但是又因为在飞机上已经承诺张明对他吃东西不加干涉，所以只能忍住，任由张明敞开肚皮去吃。最终，张明吃得夜里难受，全都吐出来了，也影响了第二天的游玩，哪怕爸爸妈妈什么都不说，他也会自知理亏，因而在下一次邂逅美食的时候约束自己，绝不放纵。常言道，身教大于言传，对于孩子而言，让他们亲身感受，主动反思，远远比一味地约束他们来得更好。

踩踏事件，完全没有预警地发生

2018年春节前，南京迎来了好几场大雪，大家都说北方的雪都飘到南方去了，所以北方没有下雪，反而南方下个不停。一个周末的晚上，哲哲陪着爸爸加完班正准备回家，才发现路上全都是积雪，而且因为气温太低，地面上的雪已经结冰了，导致地面变得和溜冰场一样滑。哲哲的腿骨折才好没多久，爸爸不敢冒险骑电动车载着哲哲，为此决定和哲哲一起乘坐公交车回家。在公司楼下的公交车站，哲哲和爸爸等了很久，接连来了几班公交车都人满为患，连根针都挤不上去了。无奈之下，爸爸只好带着哲哲步行一公里去坐地铁，没想到地铁站的场面更为恐怖。因为地铁站里站满了人，和以往正常的交通高峰期不同，现在的地铁站连通往地下的台阶上都站满了人。爸爸觉得很恐怖，当即把哲哲圈在怀里，避免哲哲被拥挤的人群挤到。哲哲不明就里，看到爸爸这么紧张的样子，说："爸爸，你紧张什么啊，我都一米六了，又不是很矮的小孩子，根本不用担心啊！"爸爸嗔怪哲哲："你呀，别觉得自己长高了，就什么都懂了。你还是小孩子呢，对于很多危险的发生，你根本没有任何感觉，也意识不到。"哲哲纳闷地问："这有什么危险呢？"爸爸说："一旦人群发生拥挤，有任何人摔倒在地，很快人就会挤成一团，摔成一团，你想想在最下面的人该有多么惨吧！"

哲哲还是不明白，问："人为什么要拥挤呢？"爸爸笑着说："人是很脆弱的，一点小小的风吹草动就会导致人群拥挤。例如现在有人大喊一句会引起人恐慌的话，很多人就会马上迫不及待想要逃离。所以人多的地方是很危险的，必须小心。"哲哲对爸爸说的话似懂非懂，爸爸说："你要是不知道踩踏事件多么严重，可以了解一下上海2015年的跨年踩踏事件，就知道后果多么让人恐怖了。"和爸爸提心吊胆等来地铁，历时好几个小时才回到原本半个小时路程的家里，哲哲第一时间就查了爸爸所说的踩踏事件，不由得大惊失色："爸爸，看来人多拥挤的场合还是很危险的呢！"爸爸点点头，说："对啊，你一定要提高安全意识，才能保证自身安全呢！"

那么，在人多拥挤的地方，除了要有安全意识之外，还有哪些安全常识是需要多多注意的呢？首先，在人多拥挤的地方，尤其是在特别拥挤的地方，无论掉了什么东西，都不要蹲在地上去捡起来。因为也许你身边的人能看到你处于下蹲状态，但是隔开一两个人之后，其他人根本不知道你正蹲着，一旦往前簇拥，就会导致你被踩踏，随着后面的人群不断拥上来，就像长江后浪推前浪一样，你会被压在最下面，性命堪忧。其次，在人多的人流中，不要逆着人流行走，否则也会导致被人挤到，发生危险事件。再次，在通过楼梯等地方时，要保持靠右边紧靠扶手的位置，或者靠近墙。这样至少可以保证有一面是可以依靠的，也不会陷入人流的旋涡之中，无法挣扎。站在人群中，一定要保持重心稳定，否则一旦摔倒就会引起严重的后果。最后，再注意安全，一旦置身于人流之中，还是会有各种意外发生的。因而最重要的是防患于未然，不要在人多拥挤的地方停留，经过人多拥挤的地方时，要迅速，而不要滞留。凡事等到发生之后就会追悔莫及，不如在没有发生的时候就形成安全意识，及时避开危险的局面，这才是最重要的。

如今，很多人都喜欢凑热闹，每当有了高兴的事情就会聚集在一起，小范围的集会当然没有问题，如果是大范围的集会，就会导致人多拥挤，在没有防范踩踏事件发生预案的情况下，现场稍有风吹草动就会导致严重的后果。例如，很多男孩都喜欢追星，如果有条件去歌星演唱会现场听歌，则也会进入拥挤的人群中。此外，学校其实也是人流密集和拥挤的场所，诸如前文所说的当地震发生的时候，班级的同学们全都争先恐后地向着教室外面奔去，实际上这时就是很危险的时刻。总而言之，唯有树立安全意识，拥有保护自己的能力，男孩才能有效避开危险，让自己平安快乐地成长。

野外游玩，骨折怎么办

在台湾游玩期间，张明因为过于贪玩，没有听从爸爸妈妈的叮嘱，导致从一块大石头往下跳的时候，腿部骨折。妈妈当即就急得哭起来，当时可是在台湾，人生地不熟，这可怎么办呢？爸爸不确定台湾的急救电话，因而问了本地人，才拨打了紧急救助电话。然而，当时他们在山里，等到救护车赶到，还需要一段时间呢。为此，爸爸先找到几块小木板，对张明的骨折部位进行了简单固定。张明觉得疼，一开始不愿意让爸爸触碰，后来在爸爸的坚持下，他才允许爸爸进行固定。只见爸爸用小木板把骨折部位包扎起来，然后又用妈妈的围巾把小木板捆绑好。张明哭着问："爸爸，你这是要干吗啊？"爸爸毫不犹豫地回答："帮你固定骨折部位呢，如果不固定，万一骨头断开了，就会戳破骨膜，导致从闭合性骨折变成开放性骨折。"看到妈妈还在一旁紧张地哭泣，爸爸有些厌烦，提醒妈妈："别哭了，你这样岂不是让明明更紧张么！你看看，孩子都被你吓成什么样子了！男孩骨折没关系的，等到打完石膏固定好了，修养几天就可以坐飞机回家了。"也许是爸爸轻描淡写的样子减轻了妈妈的忧虑，妈妈渐渐地恢复了平静。

送到医院拍片子后，医生说张明有些骨质酥松，的确骨折部位已经断开了。医生向爸爸伸出大拇指："幸亏爸爸给固定了，否则一旦骨折断端刺破骨折部位，还得手术呢！现在保护得很好，只需要打石膏固定就好。"听到医生的话，爸爸原本悬着的心终于放下来。把妈妈和张明安顿好之后，爸爸就先飞回家工作了，而妈妈和张明会继续在台湾修养半个月再回家。

野外游玩，因为地形环境复杂，所以出现骨折等情况是很正常的。尤其是男孩本身就活泼好动，胆子也很大，所以更容易发生各种意外的状况。当男孩发现其他人或者自己骨折，千万不要因为紧张而只顾着哭泣，而是要保持理智，保护好骨折的部位。事例中，正是因为爸爸有处理骨折的经验，当即找到小木板等固定好骨折部位，所以才能避免骨折的情况变得更糟糕，也不用做手术固定骨折部位，从而给张明减轻了很大的痛苦。

如果骨折是开放性伤口，也就是骨头从断裂的地方刺破皮肉伸出外面，那么需要注意，不要擅自把骨头塞进去，一则是因为骨头透出体外已经被污染，很容易引起感染，二则是因为盲目地把骨头塞进去，会导致骨头更加戳着皮肉，伤害也变得更严重。对于骨折的人而言，最重要的是固定，所以一定要及时做好固定工作，才能避免二次伤害的发生。

紧跟父母，你才不会丢

春节期间，罗飞和爸爸妈妈一起参加庙会。一年一度的庙会上，人们摩肩接踵，一眼望去，简直就是人的海洋。妈妈有些紧张，提醒罗飞跟紧他们，不要擅自离开，否则在人群中想找一个人简直如同大海捞针。罗飞答应得好好的，但是才走了不一会儿，妈妈一回头，就看不到罗飞的身影了。妈妈急得哇哇大叫，到处看也看不到罗飞，却不知道罗飞此时正在一个吹糖人的摊位上看得入神呢！

等到罗飞醒过味来寻找爸爸妈妈的时候，爸爸妈妈已经呼唤着走远了。罗飞很着急，不知道该怎么办。他站在原地，不敢表现出太紧张的神情，生怕被坏人知道他走丢了。后来，罗飞打听到庙会上的管理办公室，找了过去，然后央求管理人员在喇叭里呼唤爸爸妈妈。管理人员很耐心，一听说罗飞和爸爸妈妈走散了，赶紧帮罗飞拨打爸爸妈妈的电话。然而，也许是心情太紧张，电话铃响了很久，爸爸妈妈都没有接电话。接下来，管理人员又用喇叭呼唤爸爸妈妈，终于，在半个小时之后，爸爸妈妈赶到管理办公室。妈妈又惊又怕，当即抱着罗飞哭起来，还抱怨罗飞为何不跟好了。管理人员笑着说："小朋友，看吧，你还没哭，你妈妈先哭了。所以以后出门你可要看好爸爸妈妈，不然把妈妈丢了会很着急的。"爸爸如释重负地笑起来："可不是，现在孩子在哪里，哪里就是家，所以不是孩子丢了，是爸爸妈妈丢了。"

人多拥挤的地方，找一个人真的如同大海捞针，因为人声鼎沸，有的时候也根本听不到呼喊声。男孩出门的时候，一定要看好爸爸妈妈，不要让爸爸妈妈丢了，否则男孩还没着急呢，爸爸妈妈就急得如同热锅上的蚂蚁一样团团转，根本无法保持冷静和理智。很多心理承受能力差的父母，还会马上脑海中一片空白，连正确的反应和应急措施都完全忘记了。

近些年来，人贩子的活动很猖獗，尽管国家的打击力度也很大，但还是有很多坏人瞄准了年幼无辜的孩子。外出的时候，男孩一定要有安全意识，跟紧父母，而不要只顾着看风景或者凑热闹，导致父母走散了都浑然不知。世界上，最大的幸福就是全家人平平安安、团团圆圆地守在一起，所以男孩要看好了爸爸妈妈，不要让爸爸妈妈走丢了哦！

第 12 章

走好人生每一步，做人底线不碰触

　　人生的很多禁区，是不可以触碰的，否则有些错误一旦犯下，想要挽回都很难。男孩正处于青春期，比较容易冲动，也很情绪化，在这种情况下，一定要有自控力，也要坚守做人的底线和原则，才能避免犯下不可挽回的错误，让成长变得更顺利。

陌生来电不要接，胡说八道挂电话

周末，优优还在睡觉呢，手机就响了。优优很纳闷，因为这是爸爸妈妈刚刚为他办理的新号，除了爸爸妈妈，还有谁会拨打这个号码呢？接通电话，优优听到电话里一个广东口音的人正在说话："你好啊，我是公安局刑事科的，有个案件需要您配合调查。"一听到是公安局的，优优马上紧张起来，暗暗想道："我每天上学放学，没有犯法吧！"电话里继续说："你的银行账户已经被冻结，因为你涉及一个国际洗钱的案件。建议你最好把所有的钱都转移到另外一张卡里，因为我们也不能保证你卡里的钱一定安全。"听到这番话，优优突然想起爸爸妈妈前几天告诉他如今很多人通过打电话行骗，所以有了手机之后不要随便接陌生人的来电，不然就会被陌生人欺骗。为此，优优当机立断地骂道："骗子，你打错电话了吧，我还是小孩子呢，哪里来的银行卡！"优优话音刚落，对方就挂断了电话。

事后，优优把经过讲给爸爸妈妈听，爸爸妈妈都夸赞优优很机智，也再次叮嘱优优不要接听陌生电话。爸爸说："这次是碰巧你没有银行卡，所以你识破了骗子的骗局。假如哪一天骗子的话真的引起你的恐慌，那么你就糟糕了，要知道骗子的骗术很高明，你很有可能中了骗子的圈套。所以最根本的办法就是只接我和妈妈的电话，其他的人没有必要联系，也不会知道你的电话。如果有陌生来电，那就一定是骗子。"优优觉得爸爸的话很有道理，当即采纳了爸爸的建议。

作为学生，优优的活动面还是很窄的，接触的人也很少，因而优优完全没有必要像业务繁忙的职场人一样，不管什么电话都要接。既然手机是供给优优与爸爸妈妈联系的，那么优优只需要看到爸爸妈妈的电话号码再接听，遇到陌生来电或者置之不理，或者挂断。为了避免陌生电话的骚扰，男孩还应该注意对自己的电话保密。例如大街上经常有各种只需要填单子就能得到礼物的活动，男孩也不要因为眼馋礼物而参加，否则就会无意间泄露自己的电话号码，甚至是家庭住址和父母的联系电话，这就给了骗子可乘之机。

安全问题一定要警钟长鸣，父母为了保证孩子的安全，更要从方方面面着手，提升孩子的自我保护能力，也教会孩子自我保护的技巧。现代社会，骗子行骗的招术越来越多，简直让人防不胜防，当男孩还没有甄别能力的时候，就一定要离骗子远远的，绝不给骗子任何机会对自己下手，这才是明智之举。

不要因为任何原因沾染毒品

升入初一之后，班级里兴起了生日会，即每到一个同学过生日，就会邀请相熟的同学参加生日会，或者是在家里举办小型宴会，或者是去酒店里吃饭喝酒再加上唱歌。总而言之，现在的孩子对于生日越来越重视，也更会找各种借口出去狂欢了。

这不，正逢同桌的生日会，优优得到邀请，赶紧积极地准备礼物，按时赴会。同桌家里比较有钱，除了为他们定好了酒店之外，还预订了KTV包间，让周五如同出笼小鸟一般的孩子们都好好欢乐欢乐。为了让孩子们玩得尽兴，父母只负责掏钱，都没有参加生日会。孩子们在一起简直玩疯了，还有几个大胆的男生喝了点儿葡萄酒呢，满面绯红，而且做事情也有些轻飘飘的。

吃饱喝足，他们去了预先订好的KTV包间。突然，优优发现有几个男生神秘兮兮地凑在一起不知道在干什么，看上去似乎很害怕被人发现，优优不免也被激发起好奇心，因而赶紧凑过去了解情况。不看不知道，一看吓一跳，优优发现同学们居然在分享一种药丸，联想起电视上经常曝光的摇头丸，优优吓得躲得远远的。被优优发现后，那几个同学都劝说优优也吃一颗，优优知道他们担心泄露秘密，因而赶紧表态自己什么也不会说的，这样才免遭于难。后来，那几个一起分享摇头丸的同学关系就特别好起来，经常鬼鬼祟祟地在一起做见不得人的事情。有个同学的家长发现他们的行为，当即找到老师，质问学校为何对孩子监管不到位。学校也很无辜，因为孩子毕竟有相当一部分时间是在家里，由父母监管的。再三询问下，父母和老师才知道摇头丸原来是从同学会开始的，因而当即叫停了同学会行为，并且决不允许再有任何同学吃摇头丸。

毒品一旦沾染，就会出现上瘾的行为。因而对于青春期的男孩，虽然他们长大了，可以独立做很多事情了，但是他们也正介于幼稚和成熟之间，所以对于很多事情都很矛盾纠结，也缺乏坚定不移的立场，导致被坏孩子或者坏人钻了空子，引诱干出坏事。

为了让孩子远离毒品，父母可以提前对孩子进行关于远离毒品的教育，要让孩子意识到一旦沾染毒品，想要戒除就会很难，还要为孩子讲清楚毒品对于身体健康和人身安全的危害，让孩子引起足够的重视和保持该有的警惕。很多男孩步入歧途，都是因为身边的同龄人起到了不好的榜样作用和恶劣的带动作用，也有可能是被诱惑，因而对毒品产生了好奇心导致沾染毒品。不管是哪种原因，男孩都要坚定做人的原则和底线，也要怀着对人生负责的态度，坚决远离毒品。

很多孩子也许知道不应该沾染毒品，却不知道吸毒是违法行为，因而对于远离毒品没有该有的深刻认知。实际上，吸毒的感受并非像沉迷于毒品之中的人所描述的那么好，毒品带给人的快感，只是因为毒品具有引起幻觉的作用，除了暂时的愉悦之外，毒品只会给人带来无穷无尽的痛苦。尽管有人在沾染毒品之后，的确能够想方设法成功戒毒，但是因为毒品真的会让身体产生强烈的依赖性，所以戒毒并不是那么轻松容易的。一旦沾染上毒品，形成毒瘾，男孩就会成为瘾君子，受到毒瘾的驱使而做出很多疯狂的举动。从这个角度而言，吸毒意味着人生开始堕落，也意味着男孩变得不可救药。所以男孩尽可以追求正当的快乐，却一定要远离毒品给人带来的虚假的不健康的愉悦，否则就会坠入人生的深渊，导致人生毫无希望可言。男孩还要时刻保持警惕，不管谁说吸毒是没有危害的，或者是感觉像赛过神仙，都不要相信，要坚决抵制。还有坏人会在食物中掺杂毒品，从而起到控制男孩的目的，这种情况下，男孩还要管好自己的嘴巴，不吃任何人给的食物和饮料，尤其是对于陌生人好心好意给的东西，更是要保持警惕，不要有片刻松懈。

所谓近朱者赤，近墨者黑，当发现身边有朋友吸毒的时候，如果不能说服对方戒掉毒瘾，那么男孩一定要当机立断地远离这个朋友。随着长期吸毒，人不仅在身体方面发生改变，在精神方面也会出现很大的变化，所以也许朋友在吸毒之前是当之无愧的好朋友，但是在吸毒之后，在毒瘾的驱使下，很有可能会做出伤害你的事情，甚至诱导你吸毒，这都会给你的人生带来不可挽回的伤害，是一定要坚决避免的。

不要因为冲动伤害女孩

初二开始没多久，优优就与班级里的一个女孩好上了。这个女孩不但样貌清秀，而且学习成绩也很好，是优优当之无愧的偶像和标杆。女孩也很喜欢优优，可想而知，当早恋遇上两情相悦，必然会进展迅速，感情也会如同干柴烈火般熊熊燃烧。

一开始，优优在与女孩约会的时候，只是拉着女孩的手，或者与女孩拥抱。但是随着彼此的关系越来越亲密无间，优优对于女孩的欲望也越来越强烈。他的心中似乎有一团烈火在燃烧，也像有无数只蚂蚁正在啃噬他的心。一天，当优优又把女孩拥抱在怀里，他突然产生了强烈的生理冲动，为此优优向女孩提议："外面太热了，我们去宾馆里玩几个小时吧，既不用担心被人看到，还有空调用。"单纯的女孩没有拒绝，然而到了宾馆之后，优优开始不老实起来，最终在本能冲动的驱使下，优优与女孩发生了不该发生的关系。女孩很害怕，一个劲儿地哭，在优优的安抚下，女孩才恢复平静，并且保证对谁也不说起这件事情。然而，很多时候，事情就是那么巧合，命运的安排也总是出人意料。三四个月之后，女孩被妈妈发现怀孕了，在妈妈的追问下说出了优优对她做的事情。妈妈当即去学校找到老师，而且又找了优优的父母，质问他们要如何处理这件事情。最终，优优被学校开除了，爸爸妈妈只得托人将他送往另一所学校读书。女孩也因为闹得满城风雨转学了，而女孩身体和心灵上所受到的伤害，将会伴随一生。

青春期男孩正处于身心快速发展的阶段，尤其是当面对心爱的女孩时，对女孩怦然心动也属正常。但是，越是喜欢女孩，青春期男孩就越要控制住生理上的冲动，而不要盲目地做出伤害女孩的举动。否则，不但会伤害女孩，也会伤害自己，甚至完全改变人生的轨迹。

为了对这一问题引起注意，避免做出冲动之举，青春期男孩首先要尽量避免早恋，也不要对女孩产生非分之想。当男孩真的与女孩进入恋爱阶段，则更应该以相互鼓励和支持为主，更侧重于精神恋爱，而不要只想着生理上的冲动，导致无法控制自己。为了避免冲动，男孩可以多多从事体育运动，消耗多余的精力，不要单独与喜欢的女孩相处，不给自己机会犯错误。即使受到女孩的主动诱惑，青春期男孩也要保持理性，疏远女孩，这样才能让自己静静地等待爱情的花朵真正绽放。

远离打牌、打麻将、赌博等行为

渐渐地，优优觉得男生在一起进行普通的游戏越来越没意思了，相反，他觉得爸爸和那些朋友们在一起口中叼着香烟，打麻将，还下注的行为，才是真正的酷。为此，优优私底下问几个男生："你们会打麻将吗？"大多数男生都不会，但是有一两个男生说会，为此优优让那一两个男生负责教会他们打麻将，这样周末就可以在一起玩，还可以拿压岁钱下注。

在那两个男生耐心地教了之后，优优和另外几个男生也学会了打麻将。从此之后，他们不管是放学还是周末，常常找各种理由从家里溜出来，聚集在一起打麻将。有一次，优优一反常态没有输，反而还赢了那几个男生。这让他兴奋不已，觉得自己只需要打麻将，就能得到更多的零花钱，简直太好了。日久天长，他们下的赌注越来越多，赌博的瘾也更大。老师发现优优的学习成绩越来越差，因而联系优优妈妈了解情况。优优妈妈反映优优最近经常出去玩，老师试探地问优优妈妈："你知道他们在玩什么吗？"优优妈妈回答不知道。而得到了风声的老师问优优妈妈："你问过优优出去都干什么了吗？"妈妈还是一问三不知。老师再次启发妈妈："你有没有发现优优最近对于钱特别感兴趣，我听到有孩子说他们会聚集在一起打麻将，还会下赌注……"妈妈惊讶地喊道："打麻将？！"在妈妈心中，她一直觉得优优虽调皮但也不是坏孩子，怎么会像社会上的闲散人员一样打麻将，而且还下赌注呢？妈妈得到了老师释放的明显讯号，不动声色，对优优展开了调查。果不其然，优优已经成为打麻将的老手了，而她这个当妈妈的却浑然不知。为了帮助优优戒掉打麻将的瘾，妈妈进行了各种努力，最终才有效果。优优一旦把心思从麻将转移到学习上，学习成绩也就得以回升。

作为一名学生，当然是不应该打牌、打麻将、赌博的。通常情况下，只有社会闲散人员或者是退休的老人，才会聚集在一起做这种玩物丧志的事情打发时间，又或者是大老板，需要通过这样的娱乐休闲活动来变相地给其他人一些好处，从而拉拢关系。无论如何，孩子们也不能因为这样的休闲活动而影响学习，更是连碰也不应该碰这些活动。归根结底，孩子的天职是学习，如果小小年纪就贪图享乐，不愿意在学习上吃一点点苦，那么长大成人之后就没有好的发展和前途，可想而知人生该有多么悲催。

男孩正处于人生中的特殊阶段，总是状况百出，也让父母整日提心吊胆，不知道如何才能全方位地保护和引导男孩健康成长。其实，很多事情父母完全没有必要对孩子隐瞒，或者藏着掖着的，毕竟孩子的成长是不以任何人的意志为转移的。要想让孩子健康成长，父母对于很多不该做的事情可以提早告诉孩子，这样男孩才会有更强的安全意识和自我保护能力，也就不会在不知不觉之中沾染恶习了。

出租市场乱，打车陷阱多

最近，滴滴打车很火爆，考虑到优优偶尔上课外班没人接送，爸爸妈妈也为优优的手机下载了一个滴滴软件，告诉优优如果爸爸妈妈来不及去接他，就让他自己打车回家。优优觉得很新鲜，在爸爸妈妈没有时间接送的时候，总是自己打车回家。

有一天，优优打了一辆滴滴车，等到车来的时候才发现车牌号和打车软件显示的车牌号不同，而且车型也不同。优优很纳闷，不知道为何会这样，但是因为着急回家，所以也就上车了。上车之后，优优和之前一样闭上眼睛休息，但是等到两分钟之后睁开眼睛的时候，优优却发现自己正在朝着与家完全相反的方向行驶。优优不敢直接质问司机，先是给爸爸打电话："爸爸，我已经上车了，我把车牌号发给你了。不过这个车牌号和滴滴打车软件上的车牌号不一样，司机师傅说是因为车送去保养了。"优优一边大声和爸爸说话，故意让司机听到，一边观察司机师傅的行驶路线。果然，司机师傅悄悄调整了路线。优优暗自得意，司机师傅一定在想，这个小家伙还挺机灵，居然还有这一招，看来不容小觑啊。一下车，优优就看到爸爸正在路边焦急地等候他。看到优优，爸爸迫不及待地说："以后，这样车牌号不相符的车不要坐了。我刚刚在网上查了一下，发现有些人正是利用这一点做坏事的。幸好你机灵，还知道给我打电话，否则还不知道被人拉到哪里去了呢！"听到优优说这个司机师傅一开始的行驶路线并不对，爸爸更加后怕了。

如今，出租车市场百花齐放，呈现出很混乱的状态。尤其是网约车，因为入行门槛低，而且大多不是全职工作，所以更是鱼龙混杂，经常会发生各种意外。男孩打车的时候最好打正规的出租车，如果一定要打网约车，也应该在上车之前核实车辆的型号、牌照以及司机身份等信息，否则等到上车之后发生危险就追悔莫及了。千万要注意，不要打黑车，黑车比网约车更可怕，是完全来路不明的。

乘坐出租车的时候，最好不要坐在副驾驶的座位上，因为司机离副驾驶座位很近，轻而易举就能控制副驾驶座位上的乘客。此外，坐在出租车上，第一件事就是应该打电话给最亲近的人，汇报自己的行踪，告诉家人自己是什么时候上车的，车牌号是多少，大概将会在什么时间到达。如今，乘坐出租车的人群中以年轻人居多，所以很多年轻人会选择拼车以节约时间和金钱。殊不知，当出租车司机和拼车的乘客是一伙人，那么真正乘坐出租车的人就会面临巨大的危险，甚至根本无法逃脱，还有可能连电话都来不及打出去。此外，很多人习惯一上车就睡觉，这根本不是个好习惯，坐在出租车上，最好随时保持警惕，这样才能及时观察路线。事例中，优优就是因为发现行驶方向不对才引起警惕，也才能够及时给爸爸汇报行踪和车辆信息的，说不定无形中就帮助自己免除了一场灾祸。

如果乘车的时间比较晚了，而又必须搭乘出租车出行，男孩可以与朋友结伴而行，或者随身携带能防身的东西，这对于保护自己都会起到卓有成效的效果。还需要注意的是，很多人乘车过程中喜欢与司机聊天，还有些人出于炫耀的目的，还会完全说出自己的私人信息，显摆自己多么富有。不可露富，这不但是乘坐出租车的注意事项，也是为人处世的基本原则。一个人面对陌生人却毫无防备地说出自己的真实情况，这不是坦诚，而是愚蠢的、惹火上身的行为。

不与非家人去野外偏僻之地

进入初三之后，优优已经长得比妈妈还高，甚至与爸爸一般高了。为此，优优常常以男子汉自居，每当和妈妈一起出门的时候，也表现出男子汉的样子，处处留心照顾妈妈，经常帮助妈妈拎着很多沉重的东西。对于优优的表现，妈妈感到很欣慰，也时常夸赞优优。

一个周末，优优接受同学的邀请，要和同学一起去郊外野游。一开始，妈妈表示反对，因为她觉得优优尽管人高马大，但是心智还不够成熟，因而担心优优会遇到突发情况，不能应对。架不住优优软磨硬泡，妈妈只好同意。然而，才到中午，妈妈就接到了优优的紧急求助电话。原来，优优的同学还带去了他的表哥以及表哥的朋友，等到了偏僻的地方，这些社会上的闲散人员居然要求优优把身上所有的钱都给他们，还夺走了优优带去的一部苹果手机。优优感到很害怕，尽管同学维护他，他还是找了个机会逃到景区的保安室求助，这才借到电话通知妈妈。妈妈告诉优优："不要离开保安室，我和爸爸马上就去接你。"

爸爸和妈妈火速赶到景点，把优优接回家。优优心有余悸地说："幸好他们只是想要钱，不然我就见不到你和爸爸了。"妈妈也很懊悔自己同意了优优与同学去郊外野游，不停地说："要是我不同意就好了，这要出点什么事情可怎么办啊，我就没法活了！"稍微平静下来之后，妈妈再三叮嘱优优："以后，不要随便相信同学，更不能相信同学认识但是对于你却完全陌生的人。所谓知人知面不知心，在没有真正成年之前，你只能和爸爸妈妈外出。等到你成年了，也要记住今天的教训，不要和任何不熟悉的人、不值得信任的外出，否则一旦有意外发生，就会追悔莫及的。"优优再也不把妈妈的话当耳边风了，而是郑重其事地点点头。

优优可以相信自己的同学，却也不能完全相信自己的同学。但是有一点可以肯定，那就是优优不能相信同学带来的陌生人。在极端的情况下，即使同学是值得信任的，也会和优优一样陷入被动的局面，根本无力保护优优，那么优优在荒郊野外就会成为案板上的肉，任人宰割。

不仅女孩要避免与陌生人外出，男孩也同样如此。除了陌生人之外，半生不熟的人，或者熟悉但是没有血缘关系的人，也都是不能完全信任的。所谓人心隔肚皮，没有人是他人肚子里的蛔虫，对他人完全了解。当男孩还没有真正长大能够独当一面时，当男孩还不具备安全隐患的甄别能力时，一定不要随随便便与家人之外的人外出，更不要与他们去偏僻的地方，否则等到危险真正到来，想逃脱就没有那么容易了。小心驶得万年船，不管何时，男孩还是要小心谨慎为好。

避免与异性单独相处，不受异性诱惑

读高中的优优，已经蹿到了一米八几的身高，又因为优优相貌英俊，所以得到了很多女同学的喜爱，几乎成为女同学的梦中情人。但是优优并不想早恋，他始终记得妈妈说过的话，要认真努力学习，考上好大学，以后才能认识漂亮优秀的女孩，也给人生奠定良好的基础。为此，对于好几个胆大的女同学传递来的求爱信，优优都委婉拒绝了。有些女生为此对优优很不满，说优优是个榆木疙瘩，根本没有开窍。唯独有一个女生依然对优优不死心，还放话一定要让优优成为他的男朋友。

优优知道之后未免觉得好笑：向来都只有男生这么狂热追求女生的，哪里有女生也这么狂热追求男生的呢？不过，优优也对这个女生不以为然，总想着一个女孩子弱不禁风的，顶多是因为追求爱情受到挫折而说些狂妄的话，根本什么事情也做不出来。渐渐地，优优放松警惕，把这件事情抛到脑后了。

有一个周末，优优没有回家，而是留在图书馆里查阅资料。女孩也来到图书馆里，假装和优优邂逅。到了午饭时间，女孩主动提出要请优优去新开的西餐厅吃饭，优优觉得不好意思，又想起自己曾经拒绝女孩，因而很man地说："你别请我了，还是我请你吧！"就这样，优优和女孩来到西餐厅，女孩还特意找了个包间呢！这顿饭吃得很开心，在女孩的怂恿下，优优还喝了些红酒。从未喝过酒的优优，马上就觉得脑袋昏昏沉沉的，居然正吃着饭就醉倒了。女孩喊来服务生，说："我男朋友喝醉了，我需要一间小时房，麻烦你帮我一起把他送到房间里休息吧。"服务生和女孩一起把优优送到房间里就离开了。女孩趁着优优喝醉酒的时间，脱掉优优的上衣，也把自己脱得很暴露，然后用手机自拍功能，给自己和优优拍了很多照片。酒醒之后，优优看到自己和女孩赤身裸体地躺在一起，害怕得一跃而起，女孩没有任何异常的表现，和优优很平静地分手。没过几天，女孩又要和优优一起吃饭，被优优拒绝之后，女孩发了一张他们看似裸体的合照给优优，优优简直觉得天都塌了。在接下来的高中岁月中，优优不得不成为女孩名义上的男朋友，等着女孩的召唤，随时和女孩吃饭、约会。为此，女孩也得到了其他所有女孩的羡慕。直到女孩感到厌倦了，才主动向优优提出分手，并且把真相告诉优优。

在影视剧之中，我们经常看到男人为爱情发狂的样子，实际上，感情对于男性和女性都是一样的，如果一位女性全身心投入地喜欢上了某个男性，一旦这位女性的性格是比较霸道且强势的，那么很有可能就会发生案例中的事件，导致男性被女性算计。从本质上而言，这是遭到女性的暗算。所以不要觉得只有女性才会被男性欺负，很多情况下，心思缜密的女性如果想欺负男性，当男性大大咧咧的时候，女性的计划是很容易得逞和实现的。

大多数男孩的性格都很大大咧咧，他们对于同龄的女孩往往没有戒心，也因而会中了美人计。在与女孩交往的过程中，如果男孩不喜欢女孩，那么一定要与女孩保持适度的安全距离，既不要过分疏远女孩而伤害女孩的自尊心，也不要无所谓地接受女孩的好感或者亲近女孩，导致给女孩造成错觉。俗话说，苍蝇不叮无缝的蛋，不仅女孩需要洁身自好保护自己，男孩也需要洁身自好，才能保全自己。即使是熟悉的女孩，男孩也不要与女孩单独相处，否则就会造成误会，让自己陷入被动之中。

　　男孩如何才能与女孩保持适度距离，从而把友谊维持在朋友的范围内呢？首先，男孩不要泛情。现实生活中，有些男孩自诩为绅士或者谦谦君子，不管对哪个女孩都非常照顾，自以为是在发扬绅士风度，实际上不知不觉间就给女孩造成错觉，让女孩误以为男孩对自己有特殊的好感或者有什么企图呢。在这种情况下，如果女孩恰巧对男孩也有好感，那么就会导致事情更加一发而不可收拾，在越来越深的误解中，女孩会一厢情愿陷入单相思无法自拔，甚至可能因为爱情的灼烧对男孩做出冲动的举动。其次，如果男孩不喜欢女孩，一定不要对女孩有求必应。当男孩像宠爱女朋友一样宠爱女孩，女孩怎么能心如止水呢？即使没有一见钟情的缘分，也会因为长期相处而日久生情，这个时候男孩再想解释清楚，女孩的感情也无法做到收放自如了。最后，男孩不要对女孩太好，更不要对女孩无限度地好。男孩的古道热肠和乐于助人固然让人感动，也处处受人欢迎，但是当男孩对一个女孩这么好的时候，事情就会转向麻烦。在大多数人心中，一个人不会无缘无故对另一个人好，这样处处留情的男生很容易陷入被误解的爱情之中，也很容易导致自己被女孩纠缠。当不喜欢一个女孩的时候，一定要有分寸地对女孩好，而且要找到恰当且坚决的方式拒绝女孩的示爱，这样才能让女孩死心，也才能快速结束女孩的误解，让彼此都认识到感情的现状，进入正常交往的轨道。总而言之，男孩要自尊自爱自重，才能赢得女孩同样的对待，处理事情也要干脆果断而不要拖泥带水，才能快刀斩乱麻，也避免因为拖延导致事态不可收拾。成长从来不是简单的事情，男孩一定要多多用心，处处谨慎，形成安全意识，具备自我保护的能力，才能健康快乐地成长！

参考文献

[1]子晨.男孩青春期手册[M].北京：北京理工大学出版社，2014.

[2]子晨.致青春期男孩：心理篇[M].北京：北京理工大学出版社,2016.

[3]子晨.致青春期男孩：身体篇[M].北京：北京理工大学出版社,2016.